WAS IST WAS

德国少年儿童

动物大百科

［德］安德里亚·韦勒-埃塞斯／著　　彭　薇／译

长江出版传媒｜长江少年儿童出版社

目录

动物的分类

动物界真是有趣极了，各种各样的动物令人眼花缭乱。你所认识的大多数动物，包括我们人类在内，都属于脊椎动物。脊椎动物包括哺乳动物、鸟类、爬行动物、两栖动物和鱼类等。所有的脊椎动物都有一条脊柱和一副由骨骼构成的骨架。此外，它们还有附肢，如前肢、后肢或鳍。脊椎动物都拥有一个训练有素的大脑，它们的感觉器官也非常发达。然而，在动物界中，脊椎动物只占约 5%，剩下的约 95% 的动物都属于无脊椎动物。无脊椎动物囊括了 100 多万种动物，它们的一个共同之处就是都没有脊柱。

鸟类

鸟类是唯一长着羽毛和翅膀的动物。大多数鸟类都会飞行，所有的鸟类都有喙，并通过产卵来繁衍后代。它们是恐龙的直系后代。

无脊椎动物

这个最大的动物家族包含形形色色的物种，例如昆虫、蜗牛、蜘蛛、海绵以及蠕虫等。无脊椎动物既没有脊柱，也没有内骨骼。

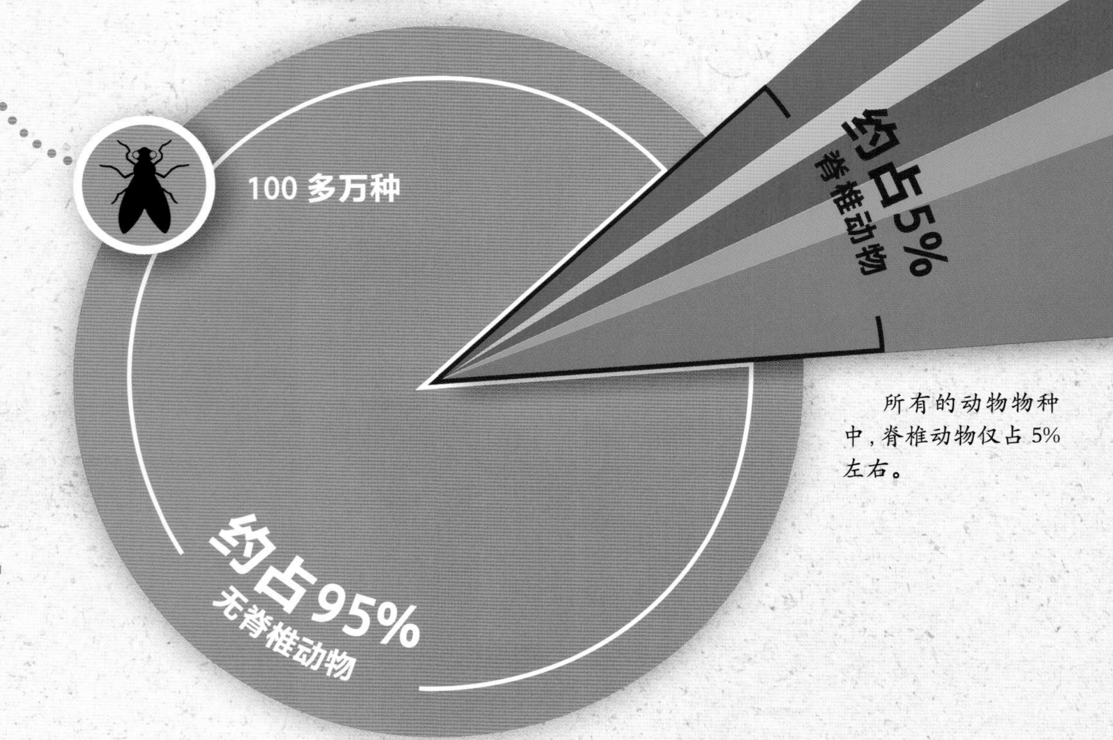

所有的动物物种中，脊椎动物仅占 5% 左右。

➜ 你知道吗？

据科学家统计，地球上已知现存的动物大约有130万种，而且科学家还在不断发现新的动物物种。尤其在热带雨林和深海中，仍然存在着大量未知的动物物种。与此同时，每年还有许多动物物种不幸灭绝。

哺乳动物

所有的哺乳动物都是恒温动物。大多数哺乳动物都有浓密的毛发，因此，它们能在各种不同的环境中生存。除了鸭嘴兽和针鼹产卵外，其他哺乳动物均为胎生动物。哺乳动物都以乳汁哺育后代。

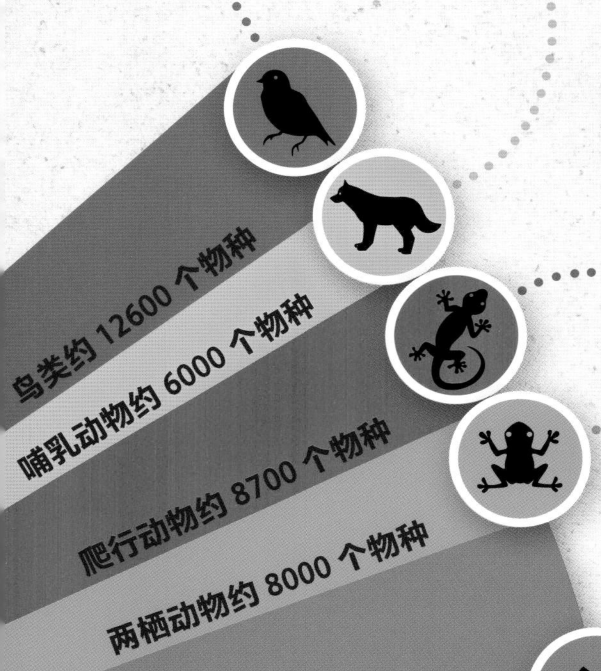

爬行动物

常见的爬行动物有鳄鱼、蛇、龟和蜥蜴等。它们身上覆盖着角质鳞片或骨板，用肺呼吸。多数爬行动物在陆地上生活并产卵。它们属于变温动物。

两栖动物

两栖动物也是变温动物。多数两栖动物幼体在水中生活，成年后再爬回陆地。幼体用鳃呼吸，成体用肺呼吸，皮肤辅助呼吸。

鱼类

鱼类栖息在水中。几乎所有的鱼都用鳃呼吸，它们有鳍，绝大部分鱼有鳞片。多数鱼类会产下鱼卵，即所谓卵生，但也有一些鱼类是卵胎生，能产下幼鱼。

黑颈射毒眼镜蛇

漆黑如夜：有些黑颈射毒眼镜蛇是深黑色的。

黑颈射毒眼镜蛇是眼镜蛇属的一种射毒眼镜蛇，广泛分布在撒哈拉以南的非洲地区，根据其生活地区的不同，身体颜色也大有不同。多数射毒眼镜蛇的身体呈深橄榄褐色至灰褐色，但也有些射毒眼镜蛇是黑色的。其中，外表最引人注目的要数斑纹射毒眼镜蛇，它曾被认为是黑颈射毒眼镜蛇的亚种：其浅棕色或粉色的皮肤上有黑色的水平条纹。白天，射毒眼镜蛇通常藏在空心的树桩、洞穴或白蚁巢穴里，只有在夜晚才出来捕食。它只用咬一口猎物，就能将有剧毒的毒液注入其体内。当它感觉受到威胁时，会向攻击者喷出一团毒液。这时它会瞄准对方的眼睛喷射毒液！

防御

尽管射毒眼镜蛇天生就会喷射毒液，但它仍得学会该如何瞄准。

有剧毒

如果皮肤上没有破溃处，射毒眼镜蛇的毒液黏附在皮肤上就不会引起中毒。但如果毒液进了眼睛，严重的话甚至会导致失明！

动物小档案

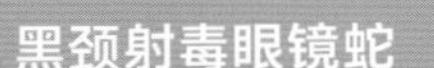

黑颈射毒眼镜蛇

栖息地：稀树草原、沙漠

分布范围：非洲中部、西部和东南部

体长：约2米

射毒眼镜蛇喷射毒液时，会来回摆动头部，这种方式能帮助它提高命中率。

射毒眼镜蛇的毒腺紧邻前沟牙，所以它能以极快的速度喷射出毒液。

难以置信！

射毒眼镜蛇喷射毒液时，能准确地命中距离 2 米以内的目标。如果目标在 60 厘米以内，那么命中率可达 100%。

非洲象

非洲象的皮肤很厚，布满褶皱，但也非常敏感！

厚厚的皮肤

非洲象是世界上最大的陆生哺乳动物。它那对大大的耳朵最为引人注目，因为它不会出汗，所以需要靠大耳朵散热。非洲象鼻子的末端有两个手指形状的凸起，叫作鼻指，依靠它们，非洲象能拾起很小的东西。对这个庞然大物而言，象鼻相当于它的鼻子、餐具、喇叭、武器和淋浴花洒。非洲象能用鼻子一次吸取多达 10 升水，然后喷射进嘴里——它每天要喝 80 升以上的水！尽管非洲象身上某些部位的皮肤厚度超过 2 厘米，但其实它的皮肤非常敏感。它很喜欢洗泥巴浴，让自己浑身沾满泥巴，这样既能清除皮肤上的寄生虫，还能防止被晒伤。

知识加油站

大象通过次声波交流。次声波的频率很低，人类根本无法听到这种声音。但这些厚皮动物却能听到数十千米远的声音，并且能够通过次声波和相距遥远的同伴交流。

非洲象拥有世界上最大的大脑。它的大脑重量可超过 5 千克！

难以置信！

大象的妊娠期约为两年。母象怀孕 22 个月之后生产，刚出生的幼仔重达 100 多千克。

象牙

和亚洲象不同，非洲象无论雌雄通常都有外露的象牙，这些象牙主要用来防御和挖掘。

动物小档案

非洲象

栖息地：沙漠到地势较高的热带雨林

分布范围：非洲

体长：非洲草原象体长可达7.5米，体高可达4米

巨型海蟾蜍

巨型海蟾蜍是美洲亚热带和热带地区最早的居民之一。由于巨型海蟾蜍对环境没有太多要求，因此它在许多别的栖息地也能生存，只要附近有水它就能产卵。凡是凑到巨型海蟾蜍嘴边的东西，它都能一口吞掉，例如昆虫、蜘蛛和蠕虫，还有蜥蜴、蛇等小型爬行动物，甚至生活垃圾中的食物残渣，它也来者不拒。为了抵御捕食者，它能分泌出一种毒液来保护自己，它喷射出的毒液最远可达 2 米。捕食者对它发起的攻击最后往往以自己的死亡而告终——就算是鳄鱼，吃掉一只巨型海蟾蜍也会丧命！

巨型海蟾蜍

巨型海蟾蜍在澳大利亚没有天敌，尽管人们会捕杀它们，但当地巨型海蟾蜍的数量仍在不断增长。

动物小档案

巨型海蟾蜍

栖息地：湿地、静水、河流、小溪

分布范围：中美洲、南美洲、澳大利亚

体长：约20厘米

致命的毒液

巨型海蟾蜍的毒液不仅会危及贪食的鳄鱼，而且如果犬类吞食了这些巨型海蟾蜍，也会中毒身亡。

你知道吗？

在澳大利亚，巨型海蟾蜍是危害最大的动物之一。自1935年人们将这种动物引入澳大利亚内陆地区之后，它就开始在那里泛滥，如今已经威胁到很多本土物种。因为对于澳大利亚的掠食动物而言，这种动物非常容易捕获，但它们也会因这些狡猾的蟾蜍身上携带的毒液而丧命。

巨型海蟾蜍在白天躲藏起来，夜晚才出来捕食。

难以置信！

遇到蛇时，巨型海蟾蜍会吸入空气，使身体膨胀，让自己看起来变大不少。

羊 驼

羊驼属于所谓的新大陆骆驼，是南美洲土生土长的物种，而旧大陆骆驼则是指生活在亚洲的单峰驼和双峰驼。和亚洲的亲戚们相比，羊驼的体形要小一些，体重也轻一些。此外，它们没有驼峰。早在约 5000 年前，当地人就开始将羊驼当作家畜来驯养，以获取细软、暖和的羊驼毛。这种温驯的食草动物大多栖息在海拔 2000 ~ 4000 米的秘鲁安第斯山脉地区，靠一身厚厚的皮毛抵御严寒。

难以置信！

羊驼大多栖息于高山地区，因此它们十分擅长攀爬。它们甚至能在雪地里攀登最陡峭的斜坡。

群居动物

羊驼是一种爱群居的动物，它们只有身处小群体中才觉得安全和踏实。

后 代

母羊驼每年可以生育一头小羊驼，母羊驼的妊娠期为 6 ~ 8 个月。

数到 3，我就吐口水……

动物小档案

羊 驼

栖息地：山区、沙漠和半沙漠、草原等开阔地带

分布范围：南美洲

体长：体长约2米，肩高约1米

你知道吗？

羊驼会朝自己不喜欢的对象吐口水。当母羊驼不愿意同公羊驼交配时，它会一边吐口水一边发出拒绝的声音，警告那些它不喜欢的异性离自己远一点儿。

大食蚁兽

难以置信！

大食蚁兽显然是一个进食速度飞快的食客：它一天能吞下30000多只蚂蚁！

大食蚁兽的身体十分强壮，小小的脑袋上长着一根极为细长的口鼻，口鼻最长可达45厘米！

动物小档案

大食蚁兽

栖息地：热带雨林、稀树草原

分布范围：中美洲及南美洲的热带地区

体长：体长约1.3米，尾长约0.9米

大食蚁兽是食蚁兽中的一种。对大食蚁兽而言，没有比蚂蚁和白蚁更美味的东西了。凭借嗅觉灵敏的鼻子发现一个白蚁巢穴后，大食蚁兽便用粗壮的爪子将其刨开，然后伸出舌头享用美餐。大食蚁兽的舌头长达60厘米！舌头表面分布着黏液及小刺钩，以便能粘住尽可能多的猎物。它会在很短的时间内解决完一餐，随后马上开始寻找下一个蚁穴。这是因为受到攻击的白蚁会喷射出毒液来驱赶大食蚁兽，这样一来，蚁穴就不至于被一次性洗劫一空。

食蚁兽每年只产一胎。幼仔出生后，便爬到母兽背上。在整个哺乳阶段，母兽都会背着幼仔。

嘴

大食蚁兽的嘴部开口相对较小，嘴里藏着一条约60厘米长的舌头。它没有牙齿。

有趣的事实

我才不是熊呢！

想不到吧！食蚁兽的近亲不是灰熊或棕熊，而是树懒和犰狳。

森 蚺

森蚺，也称绿水蚺，是世界上体形最大、体重最重的蛇之一。这种强悍的巨蟒最喜欢在夜晚捕食。它很擅长潜伏，会将自己藏匿在水中，等候猎物上钩。一旦它发现了猎物，就会用身体将其缠绕起来。猎物每呼气一次，森蚺就将它缠绕得更紧一点儿，直到猎物窒息，森蚺感觉不到它的心跳为止。随后，它便从猎物的头部开始，将其整个囫囵吞下。为了能吞下大型猎物，和所有的蛇一样，森蚺可以将下颌骨从关节窝中脱出，把嘴张到180度。所以，森蚺能将嘴张得超级大！

成年森蚺的体重可达200千克。

肥美的猎物

森蚺最爱吃小型哺乳动物和鸟类，它们偶尔也会吃凯门鳄和大型猫科动物。猜猜看，这条森蚺正在消化什么？

动物小档案

森 蚺

栖息地：热带雨林、湿地、沼泽

分布范围：南美洲

体长：约9米

血盆大口

这条森蚺正张开大嘴威慑对方。

敏锐的蛇皮

森蚺能靠敏感的皮肤觉察到水中的任何动静。

伺机潜伏

森蚺最喜欢潜伏在水中。它在那儿一动不动地等待着猎物。

乌桕大蚕蛾

小心！有蛇！

乌桕大蚕蛾前翅末端的图案宛如蛇头，有恫吓天敌的作用。

特殊的丝

在茧壳中，毛虫开始蜕皮化蛹，人们能从这种茧中获得一种特殊的丝。

动物小档案

乌桕大蚕蛾

栖息地：热带及亚热带森林

分布范围：东南亚

体长：翅展可达30厘米

乌桕大蚕蛾又叫皇蛾、阿特拉斯蛾。这种巨型飞蛾看起来非常危险，因为它前翅末端的图案会让人联想到两个蛇头，它用这种方式吓退那些饥饿的鸟类。但这种巨型飞蛾的一生非常短暂。它没有胃，只有一个退化了的喙，因此它无法吃喝，羽化后 1 ～ 2 周便会死去。它必须在这段时间内找到配偶并完成繁衍后代的任务。雌蛾受精后产卵，不久就会孵化出青绿色的幼虫。幼虫用身上的毛刺来保护自己免遭天敌的袭击。幼虫最长能长到 11.5 厘米。接着，它们就开始化蛹，准备羽化。

同名者

阿特拉斯蛾的守护神是一位名叫“阿特拉斯”的巨人。该人物源自希腊神话，据说他能用双肩托起天空。

纪录

400 平方厘米

雌性乌桕大蚕蛾的翅膀最大可达400平方厘米。它们用巨大的翅膀来吸引异性。

你知道吗？

每到繁殖季，雌性乌桕大蚕蛾就会释放出强烈的气味，雄性乌桕大蚕蛾即便相隔遥远，也能依靠大大的羽状触角感应到这种气味。

幽灵竹节虫

幽灵竹节虫堪称伪装大师，因为它看上去就是一片会行走的枯叶！有了这种不同寻常的外表，当它躲藏在澳大利亚的桉树林中时，捕食者几乎发现不了它。它缓慢地穿行于树枝间时还会有意地左右轻微摇晃身体——仿佛风中的一片叶子。雌性幽灵竹节虫会将产下的卵抛落在地。火蚁发现这些虫卵后，会误把它们当作植物种子，搬回蚁穴储存起来。刚孵化的幽灵竹节虫若虫外形酷似小火蚁，因此，这些若虫能大大方方地爬出蚁穴而不被察觉，出去寻找可食用的植物。

动物小档案

幽灵竹节虫

栖息地：桉树林

分布范围：澳大利亚东部

体长：约20厘米

你知道吗？

竹节虫中有一种奇特的繁殖现象：雌性竹节虫能孤雌生殖，它们即使不与雄性竹节虫交配，也能产下未受精的卵，从而孵化出雌性若虫。就基因而言，这些若虫和它们的母亲同源。

难以置信！

即使被捕食者发现也不怕，幽灵竹节虫早就准备好了一个不可思议的绝招：它们能折断某些特定的肢体部位，然后逃生。反正下一次蜕皮之后，断掉的关节处又会长出新的肢体。

食物

幽灵竹节虫主要以桉树叶为食。

墨西哥钝口螈

墨西哥钝口螈，又名美西螈，是一种有尾目动物，只栖息在墨西哥的两个湖泊中。不同于大多数能够水陆两栖的两栖动物，墨西哥钝口螈只能待在水底。在水下，它以螃蟹、昆虫幼虫、小鱼和鱼卵等为食。到了繁殖季节，雄螈会排出精囊，在一旁等待交配的雌螈则将其吸入体内。其间，卵子完成受精。数小时后，雌螈便会将卵产在水生植物的叶片上，雌螈一次最多能产下 800 枚卵。不久，幼体便会孵化出来。

难以置信！

墨西哥钝口螈拥有非凡的再生能力，即使失去一条腿或一只爪子，也能很快长出新的；甚至心脏和大脑的某些部位受伤了，它也能自我修复。科学家们对这种再生能力非常感兴趣。

多彩的皮肤

野生墨西哥钝口螈的肤色偏深，而人工养殖的墨西哥钝口螈则有金黄色、黑色、粉色或白色等多种颜色。此外，还有红眼睛的白化墨西哥钝口螈。

人工养殖的墨西哥钝口螈

你知道吗？

墨西哥钝口螈永远不会长大！因为天生的遗传基因，它能一直保持幼态，并始终用鳃呼吸。

哎呀，多好啊！没有人看得出我的真实年龄！

墨西哥钝口螈并未进化出能用来呼吸空气的肺，它终生用鳃呼吸。

动物小档案

墨西哥钝口螈

栖息地：淡水湖

分布范围：霍奇米尔科湖、查尔科湖

体长：约30厘米

大耳沙蜥

和所有蜥蜴一样，大耳沙蜥的身体无法储蓄热量，因此它需要温暖的环境以维持必需的体温。

动物小档案

大耳沙蜥

栖息地：沙漠和半沙漠、稀树草原

分布范围：亚洲、非洲、南欧

体长：约24厘米

目前已知的沙蜥种类超过 25 种，大耳沙蜥是其中体形最大的一类，它细长的尾巴占了其体长的一半。大耳沙蜥嘴部的左右两侧各有一个耳朵状的皮褶，遇到危险时它会将其张开并不停扇动；与此同时，它还会张大嘴。这副面孔能对敌人起到不小的威慑作用！这种昼行性陆生动物通常生活在炎热而干燥的地区。这种小小的爬行动物如果在沙漠中感到酷热难耐，就会将自己埋进凉爽些的沙土里。

沙浴

降温措施

在高温下，大耳沙蜥会将自己埋进沙土里。为了不让沙砾钻进鼻孔，它会把鼻孔紧闭。

1

2

恐吓的姿态

①一只大耳沙蜥感觉到了威胁。

②它立刻摆出一副令人毛骨悚然的防卫姿态。

知识加油站

▶ 大耳沙蜥喝水的方式和其他动物不太一样。它们会靠近水源，等身体足够潮湿了，就抬起屁股，让细小的水珠顺着身体流向头部，这样它们张开嘴就能喝到水了。

鹩 哥

鹩哥有一身泛着金属光泽的漆黑羽毛，头部有醒目的黄色斑点，喙呈橘色。它最喜欢用喙啄食水果和昆虫。它的名字源自印度尼西亚语，意思是“喋喋不休”。这种活泼的鸟儿只有在群体中才会觉得愉悦。它们通常成群结队地在森林间飞行。只有在繁殖季，雄鸟才会和雌鸟一起寻找一个树洞来筑巢，它们会用羽毛、枝条和树叶等来装饰巢穴。雌鸟每窝产 2 ～ 3 枚卵。孵化出雏鸟后，雌鸟和雄鸟会一起守护它们的后代，直到 4 周后雏鸟离开巢穴。

观赏鸟

鹩哥属椋鸟科。它们是这个家族中最受欢迎的观赏鸟之一，人们很喜欢把它们养在家中观赏。

我的爱好：吹口哨、说话、叫个不停！

动物小档案

鹩 哥

栖息地：热带雨林、热带季雨林

分布范围：南亚、东南亚

体长：约29厘米

你知道吗？

鹩哥大多是名副其实的语言天才，它们能模仿很多声音，甚至能模仿完整的句子。不过，并非所有的鹩哥都有这种天赋——也有些鹩哥终其一生连一个字也说不出来。

鹩哥的一家

育雏期

雄鸟和雌鸟一起哺育雏鸟。不久，这些雏鸟就能离巢独立活动了。

美味可口！

鹩哥爱吃甜味水果，例如杧果和无花果，不过它们的菜单上也有昆虫。

熊 狸

动物小档案

熊 狸

栖息地：热带雨林、热带季雨林
分布范围：东亚、南亚、东南亚
体长：60~95厘米

当熊狸在地上爬行时，它的整个脚掌都会着地，这在灵猫科动物中非常少见。

因其外形，熊狸也叫貂獾，但其实它是灵猫科动物。虽然熊狸属于灵猫科动物，但在它的菜单上，水果是主食。和其他灵猫科动物不同，它极少吃昆虫、鸟类、鱼类或动物尸体。这种树栖动物白天在树冠上睡觉，直到暮色降临才活跃起来。尽管它行动缓慢，但它能极其敏捷地在树枝间攀爬。它在树上移动时，有力的四肢、锋利的爪子以及可抓握的尾巴给它帮了不少忙。依靠尾巴，它能轻松地钩住树枝，它的这种尾巴在旧大陆——亚洲、欧洲和非洲的哺乳动物中是独一无二的。

倒挂金钩

由于尾巴可以卷曲，熊狸有时会倒挂在树枝上。

灵敏的鼻子

依靠嗅觉灵敏的鼻子，熊狸能找到美味的食物。鼻子旁的白色胡须能帮助它在黑暗中辨别方向。

好香甜啊！

熊狸不但善于攀爬，还会游泳和潜水。

你知道吗？

和其他灵猫科动物相比，熊狸这样的灵猫科动物有着长长的口鼻、长而舒展的身体和短小的四肢。

有趣的事实

爆米花的香味

熊狸的味道闻起来像爆米花！这种灵猫科动物的尾巴下面有一个能产生分泌物的嗅腺，熊狸用这些分泌物在树上做标记，与同类进行交流。

切叶蚁

切叶蚁的种类很多，这些蚂蚁有一个共同特点：它们会种蘑菇！首先，工蚁用嘴将叶子切割成一片一片，然后用一对前肢把叶片举在头顶，搬回巢穴。一只工蚁一天能搬运 2.4 千克叶子！在巢穴里，工蚁们并不直接吃叶片，而是把叶片嚼得粉碎，用作真菌的培养基。这些真菌才是切叶蚁王国赖以生存的食物。切叶蚁们不知疲倦地养护并扩建真菌农场，勤劳的工蚁还会将其他杂菌清除干净，再把菌丝搬运到新鲜的叶片碎屑上，扩大种植规模。

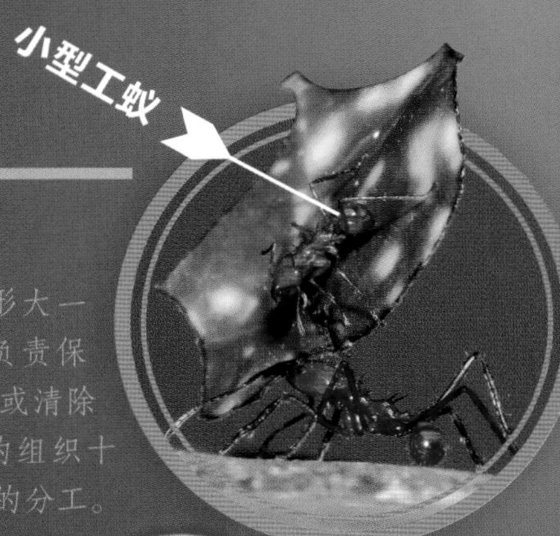

你知道吗？

小型工蚁经常会骑在体形大一些的运输工蚁的背上。它们负责保护运输工蚁免受蚤蝇的袭击，或清除掉叶片上的微生物。切叶蚁的组织十分严密，每只切叶蚁都有各自的分工。

小型工蚁

小型工蚁不仅负责养护并扩建真菌农场，还要照料生长在菌床里的幼虫。

蚁后

蚁后负责生育后代。它一生最多可产 2 亿枚卵。

动物小档案

切叶蚁

栖息地：灌木丛、树林

分布范围：中美洲、南美洲

体长：约15毫米

大型工蚁

大型工蚁的下颚特别大，能将叶片剪切成小块。

难以置信！

切叶蚁巢穴的建筑面积可达 70 平方米，相当于一套三居室的公寓那么大！

大西洋海神海蛞蝓

大西洋海神海蛞蝓又叫蓝海燕。在强风和洋流的作用下，它们能成群地漂浮在海面上，以水母为食。虽然水母触手上的刺丝囊有剧毒，但当大西洋海神海蛞蝓吞食水母时，这些刺丝囊并不会破裂，反而会被大西洋海神海蛞蝓据为己有，因此，水母的毒素伤害不了它们。研究人员还无法解释造成这种现象的原因。大西洋海神海蛞蝓是雌雄同体的生物，这意味着它们同时拥有雄性和雌性的生殖器官。因此，每只海蛞蝓都能在交配后产卵。刚孵化出的幼体带有一层外壳，成年后，这个外壳就会脱落。

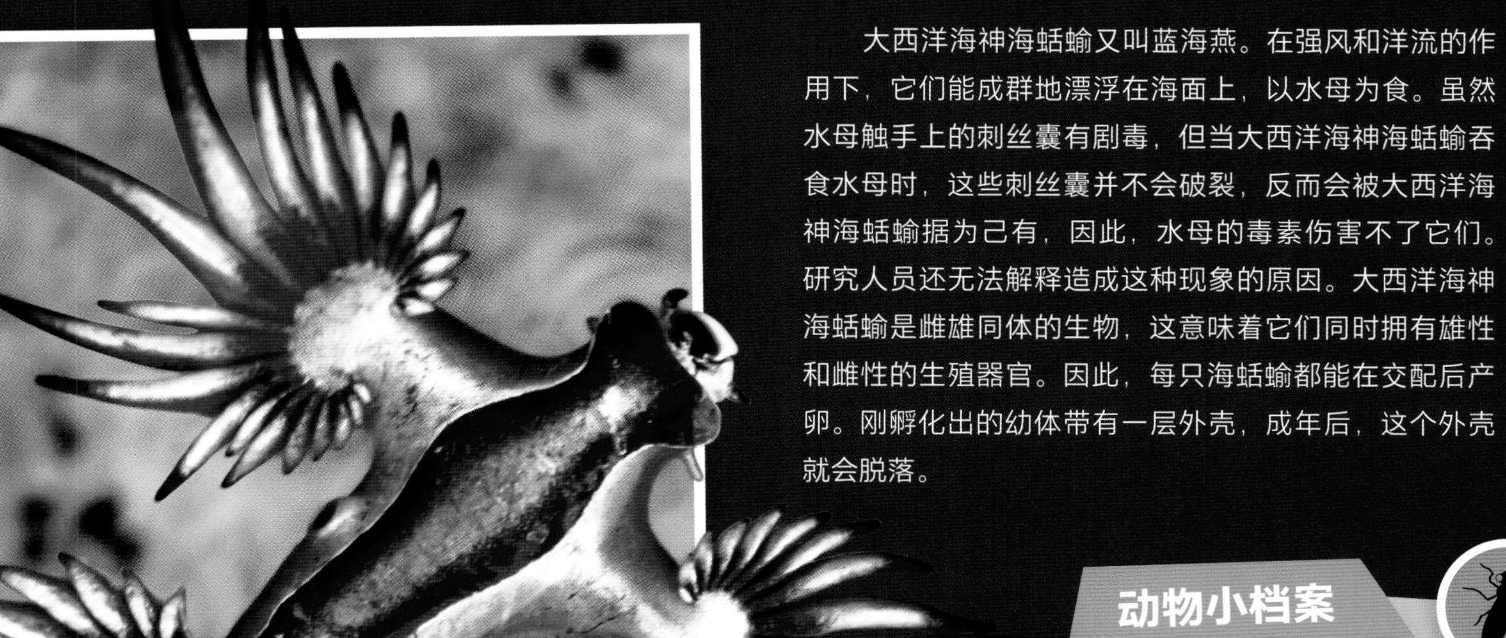

动物小档案

大西洋海神海蛞蝓

栖息地： 海洋

分布范围： 温带及热带海域

体长： 2~7厘米

像羽毛一样轻盈

大西洋海神海蛞蝓的附肢末端有许多形似小羽毛的分叉，怪不得它也被称为蓝海燕。

腹部朝上

大西洋海神海蛞蝓身上蓝色的、闪着银光的一侧为腹部。它们选择腹部朝上在海面漂游，这样就不容易被海面上的猛禽发现。此外，灰色的背部也能掩护它们躲过来自下方的捕食者。

大西洋海神海蛞蝓也能捕食僧帽水母。

难以置信！

大西洋海神海蛞蝓原本无毒，然而，它吃水母时吸收了水母身上有毒的细胞并将其存储在了身体里。于是，它也变得有毒了。

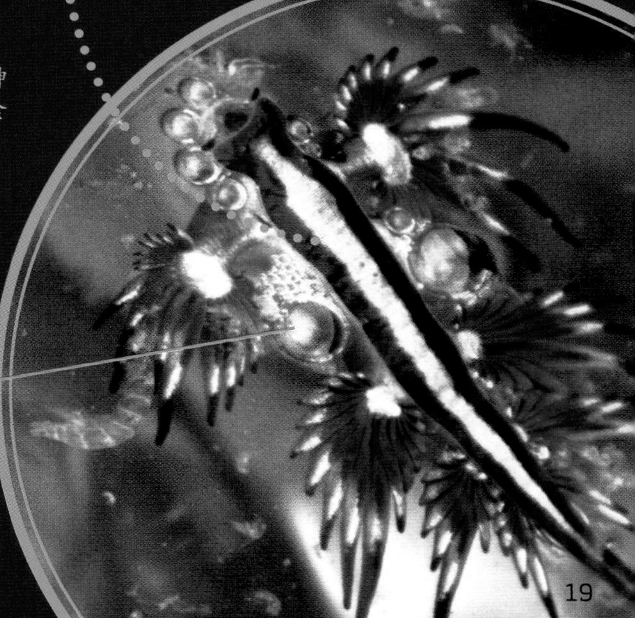

气囊

大西洋海神海蛞蝓能依靠气囊漂浮在水面。

蓝脚鲣鸟

我的脚蹼最漂亮，又大又宽！

灵敏的家伙

这种海鸟在空中和水里可一点儿也不笨拙，它们是优秀的滑翔飞行员和熟练的潜水员！

有一双美丽的蓝色脚蹼显然更具优势——至少对蓝脚鲣鸟而言是这样的。如果雄鸟想要博取雌鸟的注意，就得展示自己的脚蹼，只有那些拥有漂亮蓝色脚蹼的雄鸟才会受到雌鸟青睐。因此，雄鸟一有机会就会亮出脚蹼。它们脚蹼的颜色之所以这么鲜艳，一方面是由于蹼膜中含有一种特殊的纤维，能更强烈地反射蓝光；另一方面是因为蓝脚鲣鸟吃的食物中含有类胡萝卜素，类胡萝卜素会与它们体内某种蛋白质相结合，这能让它们的脚蹼变成蓝色。谁捕到的鱼越多，谁的脚蹼就越蓝——这意味着它更适合作为伴侣来共同养育雏鸟！

动物小档案

蓝脚鲣鸟

栖息地：海岛、大陆海岸

分布范围：中美洲和南美洲的太平洋东岸

体长：约80厘米

育 雏

雌鸟在孵卵时会用脚蹼护住卵，因为它们脚蹼的血液循环很快，非常暖和。

有趣的事实

褪 色

科学家们曾做过一个实验——让蓝脚鲣鸟节食。结果，仅两天后，蓝脚鲣鸟脚蹼的颜色就变淡了！

红腹角雉

红腹角雉属雉科动物。雌鸟披着一身毫不起眼的棕色羽毛，雄鸟则装扮得十分华丽——头部橙、黑、蓝色相间，身披一身夺目的橙褐色羽毛。红腹角雉栖息于海拔 1000 ~ 3500 米、潮湿而凉爽的山地森林，或茂密的竹林及杜鹃花树林中。它以鲜花、树叶、竹笋、水果和昆虫等为食。这些美丽的鸟儿非常害羞，就算是极小的声响也会让它逃之夭夭。它喜欢栖息在树枝上，雌鸟也会在树上筑巢。雌鸟每窝产 3 ~ 6 枚卵，约一个月后就会孵化出雏鸟。

这只雄性红腹角雉正在骄傲地展示自己缤纷的羽衣。

栖息地

红腹角雉的栖息地为森林地区。它通常在树上筑巢，有时也在灌木丛中筑巢。

喉 囊

雄鸟的胸前有一个蓝色和红色图案交织的喉囊，看上去像佩戴着一条彩巾。

难以置信！

在跳求爱舞时，雄鸟会鼓起色彩缤纷的喉囊，以博取雌鸟的注意。雄鸟只有给雌鸟留下了足够深刻的印象，才有机会和雌鸟交配。

觅 食

白天，红腹角雉在森林里的地面觅食。夜晚，它就躲在树上过夜。

动物小档案

红腹角雉

栖息地：针叶林、山区、高原

分布范围：东亚、东南亚

体长：约64厘米

蓝鲸

扰乱安宁的人类

高强度的噪声（包括运输产生的噪声）会影响动物的健康和行为。

世界上最大的动物

蓝鲸每天可以吃掉2吨浮游生物。

蓝鲸是一种需要用“最”来形容的动物：它是地球上体形最大、体重最重的动物，最长达33米，最重达200吨。仅这个庞然大物的心脏就重约600千克——相当于一头成年奶牛的体重！它的主动脉也很大，大到足以让一个幼儿在里面爬行。这只海洋巨兽以漂游在水中的蜉蝣生物为食，主要吃磷虾。它会用鲸须把磷虾或小鱼等食物从水中过滤出来。这些鲸须挂在它的上腭两侧，由一片片细长的鲸须板排列而成。和所有的海洋哺乳动物一样，蓝鲸也必须浮上水面呼吸。

蓝鲸的身体底部有褶沟。

喷水了！

蓝鲸浮出水面时，会喷出一股水柱。这就是喷潮。蓝鲸喷出的水汽中含有它呼出的温暖而湿润的空气、黏液以及海水。水柱可达9米。

蓝鲸不是鱼，而是哺乳动物。

动物小档案

蓝 鲸

栖息地：开阔海域

分布范围：太平洋、大西洋、印度洋

体长：最长可达33米

巨大的尾鳍

蓝鲸在下潜时，会将尾鳍从水下伸出水面。它能陡然下潜到海面以下200米处。一次潜水最长能持续20分钟。

屁步甲

在岩石下面、灌木丛中或稀疏的树林里，人们能发现屁步甲的踪迹。虽然它的体长不超过 2 厘米，但它有一种奇特的防御能力——放屁！屁步甲的腹部有一个空腔，遇到危险时，原本分开保存的两种液体会在这里混合并发生反应。这种混合物一接触到空气就会爆燃：伴随着一声巨响，一团灼热、酸臭且具腐蚀性的气体从它的尾部喷射而出。它最多能连续放 20 个屁来轰炸敌人。它甚至能拐着弯放屁，因为它的尾部能大幅度地向四周扭动——这样就更容易击中敌人！

彩色的外衣

屁步甲通常为蓝色或绿色，黑色的极少。黑色屁步甲的头部和前胸一般为红色。

爆炸腔

气囊

腺体

毛茸茸的传感器

别离我太近，否则让你见识屁步甲那臭臭的秘密武器。

有效御敌

屁步甲能用放屁这种秘密武器赶走像鸟类或青蛙这种体形较大的捕食者。

捕食者

动物小档案

屁步甲

栖息地：森林、灌木丛
分布范围：亚洲、南欧、中欧
体长：不超过2厘米

难以置信！

屁步甲的屁不仅声音很大，而且温度也非常高：那团臭烘烘的气体最高温度可达 100℃！此外，屁的最远射程达 30 厘米。

倭黑猩猩

你知道吗?

倭黑猩猩的英文名是bonobo，这个名字可能源自刚果一个名叫Bolobo的地方。第一批倭黑猩猩就是从那儿被人带往欧洲的。

倭黑猩猩是普通黑猩猩的近亲，但它们的体形要小一些，性格也更为温和。它们喜欢群居，会成群地生活在一起，一个群体由数十只倭黑猩猩组成。它们的巢位于高高的树上。这种灵长类动物通常用和平的方式解决冲突，在它们的社会生活中，爱抚发挥着重要作用。例如，当它们和同伴分享食物时，就会得到抚摸作为回报。倭黑猩猩主要以水果为食，但它们也吃树叶和昆虫。

倭黑猩猩需要哺乳约4年之久，幼仔会在母亲身边一直待到10岁左右。

有趣的事实

太像人了!

人类、倭黑猩猩和黑猩猩之间有98%的遗传物质是相同的。

倭黑猩猩会用树枝或石头制造工具，以此来捕获食物。

注——意——看——
我马上就要抓到鱼了!

熟练的猎人

倭黑猩猩通常会单独捕猎，并且只有在机会出现时才采取行动。

动物小档案

倭黑猩猩

栖息地：热带雨林

分布范围：非洲中部

体长：约83厘米

棕熊

棕熊栖息在森林、草原、高寒草原和荒漠边缘。这种大型杂食动物不仅爱吃根茎、浆果和树叶，也会食用动物的卵、昆虫幼虫、鱼类、啮齿动物和腐肉。由于冬天食物短缺，它们必须在秋天大量进食，囤积一层厚厚的皮下脂肪。在秋天，一头棕熊一天最多能增重 3 千克。在寒冷的冬天，它们就躲进洞穴里冬眠。棕熊能长达 4 个半月不进食。母棕熊会在冬眠洞中产下幼仔。刚出生的幼仔睁不开眼睛，个头还没豚鼠大，但它们长得很快！到了春天，它们会和母亲一起离开栖身的巢穴。

你知道吗？

棕熊非常危险，但它们会尽量避开人类。只有当它们受到威胁或伤害时，或者当雌熊要保护幼仔时，才会攻击人类。

捕获鲑鱼

每逢鲑鱼洄游到产卵地时，对栖息在河岸边的棕熊而言，一段极其美好的时光就开始了：它们只需站在水里就能大饱口福。

上面的视野真棒！

难以置信！

科迪亚克岛上的科迪亚克岛棕熊是体形最大的棕熊之一，仅次于西伯利亚堪察加棕熊。科迪亚克岛棕熊最重可达 1000 千克，相当于一辆小轿车的重量。

棕熊通常四肢着地行走，但当它们感觉受到威胁时，便会用后肢站立，这会使它们看起来更加高大、可怕。

动物小档案

棕 熊

栖息地：山区、落叶林、针叶林、沙漠和半沙漠

分布范围：亚洲、北美洲西北部、北欧

体长：可达3米

褐鹈鹕

飞行中的褐鹈鹕缩着脖子，将头枕在肩膀中间。

➜ 纪录

2.5米

目前已测量到的褐鹈鹕的最长翼展为2.5米。

➜ 你知道吗？

与所有其他种类的鹈鹕都不同，褐鹈鹕能一头扎进水面以下最深10米处捕鱼。

褐鹈鹕是体形最小、体重最轻的一种鹈鹕。尽管如此，这种大鸟的翼展也有 2 米左右，体重达 4 千克。它在陆地上行动十分笨拙，但它是优秀的游泳健将和优雅的飞行家。和所有的鹈鹕一样，它的喙很大，下喙分左右两支，中间挂着一个弹性极大的皮肤喉囊。捕食时，它用喉囊像兜网一样把鱼从水里捞起来。如果猎物在喙的内部挣扎，它会先把头偏向一边，排掉喉囊中多余的水分——可能需要 1 分钟，再把鱼咽进肚子。

动物小档案

褐鹈鹕

栖息地： 沼泽、海岸、河流入海口

分布范围： 北美洲到南美洲、加勒比海地区

体长： 体长可达1.5米，翼展可达2.5米

繁殖地

褐鹈鹕是群居动物，它们总是一大群聚集在一起筑巢。

知识加油站

▶ 褐鹈鹕的雏鸟在离巢独立生活之前，大约要吃掉25千克的鱼。

印度眼镜蛇

印度眼镜蛇喜欢潮湿的环境，大多出没于田间或各种水源附近。它在黑暗中捕捉较小的动物，例如青蛙、老鼠或鸟类。印度眼镜蛇是独行动物，通常很害羞，但如果它感觉自己受到威胁，就会变得非常危险！它会竖起上半身，将颈部的肋骨向外扩张，让醒目的颈部鳞片膨胀起来。随即，经典的眼镜状斑纹就清晰地显现出来了！猎物被印度眼镜蛇咬伤后大多会当场毙命，因为它的毒液有麻醉效果，而且毒性很强。

小心被咬！

印度眼镜蛇不仅毒性很强，而且很喜欢在人类生活的区域附近活动，例如在印度就有很多人被眼镜蛇咬死。

眼镜状斑纹

印度眼镜蛇通过扩张颈部的肋骨，撑开颈部鳞片，展露出经典的眼镜状斑纹。

你知道吗？

印度的耍蛇人会用印度眼镜蛇进行表演，但这些蛇大多已被拔掉了毒牙。悲惨的是，许多蛇会在拔牙时死掉。

当印度眼镜蛇竖立起身体时，眼镜形状的斑纹清晰可见。

知识加油站

颈部鳞片上的眼镜状斑纹是印度眼镜蛇的标志，但并非在所有的印度眼镜蛇身上都能清晰地看到这种斑纹。例如，尼泊尔境内的印度眼镜蛇通常为黑色，它们身上的斑纹很难辨认。

动物小档案

印度眼镜蛇

栖息地：热带雨林、热带季雨林、草原、田野、灌木丛、城市

分布范围：南亚、东亚

体长：1米以上

喙头蜥

喙头蜥，又叫刺背鳄蜥，白天通常待在地下的洞穴里，只在黄昏时出来活动。有时它会一动不动地趴在同一个地方，以致鸟类几乎无法从空中发现它。与其他多数爬行动物相比，它需要的热量更少，即使在较低的温度下也能活动自如。因此，喙头蜥的新陈代谢率很低，生长得非常缓慢——一只 35 岁的喙头蜥身长仅约 50 厘米。不过，它的寿命很长，能活到 75 岁以上！交配后，雌性喙头蜥会用草和泥土搭建一个洞穴，用来孵化自己产下的卵。它会日夜守护着这些卵，直到 13 ~ 15 个月后幼蜥孵化出来。

你知道吗？

在新西兰，喙头蜥也叫Tuatara，这是它的毛利语名字，意思是“背上带尖刺的动物”。

潜伏等候

喙头蜥孵卵时，通常不会到太远的地方捕猎，它们会潜伏在洞穴的入口前等候猎物。

难以置信！

喙头蜥有第 3 只眼睛，即所谓的顶眼，它靠这只眼睛来分辨光线的明暗变化。此外，它还能靠顶眼感知温度的波动，并随之调整作息节奏以及冬眠的起始时间。

喙头蜥主要以昆虫、蜘蛛、蜗牛和蚯蚓为食，但它也喜欢吃海鸟的鸟蛋和雏鸟。

动物小档案

喙头蜥

栖息地：沿海地区

分布范围：新西兰

体长：约60厘米

吼 猴

在热带雨林中，吼猴的叫声最远能传出 5 千米，这个“大嗓门”是动物王国中叫声最响亮的动物之一。它们靠吼叫与其他猴群进行交流，例如告知对方自己目前的位置，以免大家狭路相逢。即使一只吼猴想加入某个吼猴群，它也会通过吼叫来进行询问——回应它的当然也是吼叫。吼猴有一条结实的尾巴，尾巴末梢背面光秃秃的，在攀爬时，这条尾巴相当于它的第 5 肢。它们能用尾巴将自己倒挂在树上，同时用上肢和下肢来摘取树叶和水果。

为了在攀爬时更好地缠住树枝，吼猴尾巴末梢的背面没有毛发。

扩音器

大大的喉头和形状特殊的舌骨加起来就像一个扩音器。

别看这只吼猴现在非常活跃，它一天中几乎四分之三的时间都在舒服地躺着！

纪录

100 分贝

吼猴的叫声最高可达100分贝，它们比任何其他种类的猴子叫得都要响亮。

你知道吗？

吼猴以群居的方式生活在一起。为了维持猴群内的和平，猴群中雌猴的数量至少是雄猴的3~4倍。如果雄猴太多，雄性幼仔就会被赶走，甚至会被杀死。

动物小档案

吼 猴

栖息地：热带雨林的树冠层、山林、干燥的落叶林、稀树草原

分布范围：中美洲、南美洲

体长：约60厘米

大斑啄木鸟

动物小档案

大斑啄木鸟

栖息地：温带森林、针叶林、城市

分布范围：亚洲、欧洲、非洲北部

体长：约23厘米

雏鸟

大斑啄木鸟的雏鸟在离开巢穴后的几天内仍由亲鸟提供食物。

从二月份开始，人们就能在森林里听见大斑啄木鸟响亮的敲击声了：这种黑白相间、长着醒目的红色斑点的鸟，用敲击声划定它的领地。每一次敲击的过程大约持续 2 秒钟，每次可以敲击 10 ~ 16 次。同时，雄鸟也以这种方式博取雌鸟的注意。雄鸟求爱成功后，一对大斑啄木鸟往往会一起在树干上筑巢，用于孵化雏鸟。雌鸟每次最多产 7 粒卵。当雏鸟破壳后，亲鸟会照顾它们，直到它们大约 4 周后离开巢穴。

啄木鸟的“开果器”

啄木鸟会把找到的硬壳食物，例如坚果或球果，卡在树干上的裂缝或孔洞里，然后咔嚓一下把这些食物咬开。人们将这些裂缝和孔洞称作啄木鸟的“开果器”。

人们可以通过枕部的红色斑点识别出雄鸟，而雌鸟的枕部则没有这种斑点。此外，雏鸟的头顶也是红色的。

你知道吗？

尽管啄木鸟会频繁地敲击，但它们并不会感到头痛，这是因为它们的头部已经完全适应了这样的行为：啄木鸟的喙上有一种减震器，可以减轻敲击的力度。啄木鸟的大脑不是位于喙的正后方，而是稍高一些，并且包裹大脑的脑脊液也比较少。

变色龙

一只变色龙耐心地待在树枝上，等待着自己的猎物，只有两只眼睛在前后左右地转动，而且左右眼各自独立，可以看向迥然不同的方向！因此，变色龙的眼睛可以向四面八方搜索猎物。人们至今仍不清楚，这种爬行动物究竟是如何在大脑中处理两只眼睛所看到的不同图像的。一旦变色龙找到了一个猎物，便不会让它再离开自己的视线。随后，变色龙慢慢地张开嘴，继而像闪电一样迅速地伸出它长长的舌头，抓住猎物。变色龙的舌尖上有一种黏性吸盘，当舌头快速地回卷时，这个吸盘能紧紧地粘住猎物，并将它送到变色龙的嘴里。

难以置信！

研究人员发现，变色龙改变自己身体颜色的奥秘是它身上体积微小的晶体！变色龙的皮肤下有两层特殊的细胞，它们可以变换排列顺序。随着变色龙皮肤层结构的变化，光也被折射和反射成不同的颜色。

一直很安静

变色龙是非常安静的动物。它们经常一动不动，把自己完全隐藏在树枝之间。

五颜六色的，五颜六色的，我所有的衣服都是五颜六色的……

动物小档案

变色龙

栖息地：热带雨林、沙漠

分布范围：非洲、印度、地中海地区

体长：15~60厘米

改变颜色

变色龙不会为了伪装自己而有意识地改变颜色！它们呈现出的颜色其实取决于它们当时的情绪状态。它们也会使用身上的不同颜色与同类进行交流。

多数变色龙栖息在树上。它们类似钳子形状的脚能很好地抓紧树枝。

知识加油站

变色龙的舌头是大自然最令人惊叹的杰作之一，也是一种致命的武器。这种爬行动物可以极快地向前吐出舌头，就像拉弓射箭一样，其加速度可达重力加速度的50倍。这意味着，它的舌头在高速弹射时能产生50倍重力的拉力。

小丑鱼

小丑鱼因其斑斓的色彩和活泼可爱的模样会让人联想到小丑而得名，这种色彩能帮助它在珊瑚礁间游弋的庞大鱼群中找到同类。它也被称为海葵鱼，因为它与海葵建立了互利的共生关系。小丑鱼躲藏在海葵有毒的触手中，可以避开捕食者。作为回报，它也会帮助海葵抵御一些天敌。由于小丑鱼游得很慢，所以它从不会远离藏身处。一旦有攻击者靠近，它就逃进海葵的触手中躲藏起来。如果捕食者跟随在小丑鱼后面，就会被海葵那些有毒的触手袭击——捕食者自己则成了猎物。

海葵

五颜六色的小家伙

小丑鱼有很多不同的种类。它们的外形因栖息地的不同而变化：

1. 克氏双锯鱼；
2. 白背双锯鱼；
3. 白条双锯鱼。

动物小档案

小丑鱼

栖息地：珊瑚礁

分布范围：印度洋、太平洋

体长：11~18厘米

家里最舒服了！

你知道吗？

海葵属珊瑚虫纲动物。许多海葵以鱼类、蟹类和海螺为食，它们会分泌毒液麻痹这些猎物。但这些毒液不会伤害到小丑鱼，因为小丑鱼的皮肤上有一层黏液，可以保护它们不受毒液的影响。

难以置信！

小丑鱼刚出生的时候都是雄性。如果族群中唯一的雌鱼死了，体形最大的那只雄鱼将转变为雌鱼。如果这只雌鱼又死了，第二大的那只雄鱼就转变为雌鱼。以此类推。

一小群小丑鱼栖息在海葵里。

双角犀鸟

动物小档案

双角犀鸟

栖息地：热带雨林

分布范围：南亚、东南亚

体长：约1.2米

翅 膀

双角犀鸟的翼展最长可达 1.5 米。

双角犀鸟通常生活在丛林中，但是人们在海拔 2000 米的地方也见到过它们的踪影。

与所有的犀鸟一样，双角犀鸟的喙上长着一个独特的盔突。这个盔突虽然看起来很沉，但实际上重量非常轻，因为它是由松散的海绵状骨组织构成的。研究人员猜测，这个盔突相当于扩音器，能让双角犀鸟的叫声更加响亮。这种群居型鸟类喜欢吃水果的果肉，尤其喜爱无花果。它的喙又长又弯，能帮它够到挂在纤细树枝上的果实。要知道双角犀鸟最重可达 3 千克，树枝根本无法承受这个重量。双角犀鸟是昼行性鸟类，夜晚它们会在树上过夜。

食 性

双角犀鸟用不着喝水。它们吃的水果中就含有足够的水分。

树 洞

勤劳的爸爸：雄鸟把食物带到树洞里。

知识加油站

一对双角犀鸟相依为命，终生在一起。在繁殖季节，它们会将巢穴封闭起来，只留下一条狭窄的缝隙。雄鸟通过这条缝隙，将食物喂给雌鸟和后代。

雄鸟和雌鸟的外表十分相似，但也有一些差异：雄鸟的虹膜呈红褐色，而雌鸟的虹膜呈白色；雄鸟的盔突黄黑相间，而雌鸟的盔突则是黄色的。

澳洲魔蜥

速 食

为了获得尽可能多的食物，澳洲魔蜥会守在蚂蚁的行进路线附近，然后飞快地用舌头卷起这些昆虫，用力咬碎它们的外壳。

澳洲魔蜥的外表看起来可怕极了：它的身上布满了密密麻麻的鳞甲刺，鼻子和脖子上的尖刺尤其显眼。澳洲魔蜥会冷不丁地从沙漠的沙砾间蹿出，遇到危险时它会发出嘶嘶声进行示威。澳洲魔蜥的外表虽然可怕，但实际上这种沙漠居民完全无毒无害，它可怕的外表只是为了起到威慑作用。夜晚，它躲藏在自己挖掘的洞穴里休息；白天，它会出来晒太阳或觅食。由于沙漠里的食物有限，它主要以蚂蚁和白蚁为食——一只澳洲魔蜥每餐可以吃掉 2000 多只蚂蚁！

动物小档案

澳洲魔蜥

栖息地：沙漠

分布范围：澳大利亚

体长：约20厘米

难以置信！

为了在极度干旱的沙漠里喝上水，魔蜥进化出了一个特别巧妙的取水技能：雨水和露水会顺着外壳上的特殊凹槽直接流进它的嘴里。

你知道吗？

澳洲魔蜥拉丁文学名中的“Moloch”来自地中海地区的莫洛赫神，因为两者的头上都长有可怕的角。

魔蜥非常适应沙漠这种干旱的生活环境。

箱龟

来者是敌是友？箱龟喜欢缩在龟壳里，它们觉得还是待在自己的“房子”里更安全。

动物小档案

箱 龟

栖息地：温带森林、草地、公园、花园

分布范围：美国东部、墨西哥

体长：约20厘米

箱龟经常出没在水流附近。虽然它们一般栖息在陆地上，但它们的游泳技术十分高超。由于龟壳中储存了脂肪，所以箱龟通常并不擅长潜水，但墨西哥科阿韦拉州的沼泽箱龟是个例外，它是很好的潜水员，能在水中待很长时间。箱龟在清晨和黄昏时出来觅食。它们是杂食动物，既吃植物，也吃小动物，例如蠕虫、蜗牛和昆虫等。箱龟的拱形背甲有多种颜色。多数箱龟的背甲呈黑褐色，上面带有黄色的斑点和纹路。

你知道吗？

炎热的夏季，箱龟会钻进凉爽的淤泥中睡觉，到了黄昏再出来觅食。

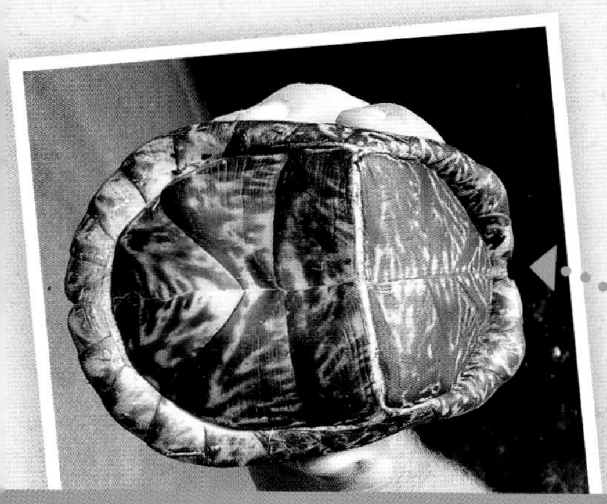

箱龟的腹甲上有一个可活动的“铰链”关节，能够和背甲紧密地闭合在一起。

有趣的事实

缩成“箱子”

遇到危险时，箱龟会把头缩回壳里，将腹甲的上下两部分闭合起来。这样整个外观就像一个密封的箱子，封得严严实实的。

儒艮

尽管体形庞大，但儒艮其实是一种相当害羞的动物。它们喜欢待在浑浊的海水中，只要觉得受到打扰，就会立即逃走。它们通常待在有沙质土壤的浅海区分娩，因为小家伙们在那里更容易避开捕食者的攻击。幼仔一出生，母亲就立即将它推出水面，以便让它顺利呼吸到空气。小儒艮会在母亲身边生活两年左右。成年的儒艮天敌很少，只有大鲨鱼或虎鲸等，因为它们的皮肤厚实且强韧，受到攻击时能保护自己。儒艮的血液凝结得非常快，所以伤口也能很快地愈合。

儒艮的妊娠期约为 13 个月，幼仔出生时体重就已达 20 千克。

给我看看你的鳍……

儒艮的尾鳍呈新月形。通过观察尾鳍的形状，人们就能将它和另一种海牛目动物——海牛区分开来，因为海牛的尾鳍像铲子。

你知道吗？

儒艮是海牛目动物，外表看起来与海豹或鲸非常相似，但实际上它们与大象的亲缘关系更近。

动物小档案

儒　艮

栖息地： 海草场

分布范围： 中国南部沿海、亚洲热带海域、非洲东部沿海

体长： 2~3.3米

水下除草机

儒艮是海底的“园丁”。它们张开大大的嘴巴在海床底部觅食，将海草从海底扯下来吃掉。

北极熊

难以置信！

北极熊的毛发根本不是白色的！实际上它的毛发是中空透明的，这样可以将光线更好地传导到黑色的皮肤上，从而将其转化成热能储存起来。由于光反射，所以在我们看来这些毛发是白色的。

北极熊身上细密的、含有油脂的毛发具有防水性，外层的毛发是空心的，具有良好的隔热性。

北极熊喜欢寒冷的环境：它生活在北极地区，大部分时间在北极海面的浮冰上度过。厚厚的皮毛和厚达 10 厘米的脂肪层，令这个白色“巨人”即使在 -50℃的环境下也能维持体温。它爪子上的毛发能确保它不会在冰面上滑倒。北极熊的脚趾间长有蹼膜，所以非常善于游泳，它能在冰冷的水中潜泳 2 分钟之久。北极熊最喜欢吃海豹，它经常匍匐在海豹的呼吸孔附近，只要海豹伸出头换气，北极熊就会用强有力的爪子把它拍晕，然后将它拽出水面。

冰上公寓

在极端天气条件下，北极熊会被雪困住。它们会在这样的雪洞里产下幼仔。

强大的动物

人类是北极熊的唯一天敌，只有人类会对它们的生存构成威胁。

多亏了脚趾间的蹼，北极熊可以像划桨一样在水中游泳。

动物小档案

北极熊

栖息地： 海面冰层、浮冰、海岸、海洋

分布范围： 北极圈冰层覆盖的水域

体长： 约2.8米

翠鸟

色彩鲜艳的羽毛让这种小鸟格外惹人注目。

知识加油站

▶ 如果有很多翠鸟栖息在一条小溪边，就标志着该水域的水质良好。如果小溪或河流附近有很多工业设施，翠鸟就不会在此栖息。

翠鸟披着一身明亮的蓝色或绿色羽毛，看起来就像一块飞翔的宝石。它经常纹丝不动地待在水边的树上。一旦发现鱼的踪迹，它便几乎垂直地冲进水里，用喙咬住猎物。随后，它飞回枝头，将鱼的头部对准咽喉，然后整条吞下。它会在陡峭的河岸或斜坡上掘洞筑巢。雌鸟每窝能产下 6 ~ 8 枚卵，3 周后雏鸟便会孵化出来。

灵巧的杂技演员

人们将翠鸟的捕鱼技术称为“俯冲潜水”。它不仅能从高处起飞，还能在空中保持悬停的状态，并能在悬停时迅速起飞，向猎物俯冲。

❶在空中短暂悬停，然后一头扎进水里。❷可潜入水下25厘米处捕鱼。❸飞到树枝上享用猎物。

动物小档案

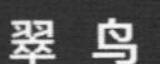

翠鸟

栖息地：湿地、河流、沼泽、海岸、公园、花园

分布范围：亚洲、欧洲和非洲北部

体长：约15厘米

驼鹿

雄性驼鹿的鹿角可达 2 米宽，重量可达 20 千克。

驼鹿是世界上最大的鹿科动物。它虽然体形庞大，却能悄无声息地穿过森林。

难以置信！

人们发现，近年来，一些驼鹿会从森林迁徙到城市。2014 年 8 月，一头年轻的雄性驼鹿在德国德累斯顿的一栋办公楼里迷路了。人们将其麻醉后带到萨克森州东部的森林里放归。

别太暖和！

驼鹿喜欢待在温度在 −20℃到 10℃之间的地区。

因其雄壮的铲形鹿角和令人叹为观止的庞大身躯，驼鹿被誉为“森林之王”。这种独居动物大多栖息在地球最北端海拔较高的沼泽森林地区。即使温度在 0℃以下，驼鹿也能适应，但它不喜欢高温。它在自己的领地上逡巡觅食。驼鹿菜单上的主食是树皮，它会用大大的、带有软骨的上唇将树皮从树枝上拉扯下来。驼鹿还吃植物幼芽、蓓蕾、树叶和水生植物。凭借修长的四肢，它还能越过较高的障碍或在深深的积雪中前行。此外，它的奔跑速度也很快，能摆脱天敌，例如狼或熊的追捕。

雌驼鹿

尽管雌性驼鹿没有鹿角，但它们仍能很好地保护自己的幼仔。

夏季还是冬季？

驼鹿的毛色介于红褐色到黑褐色之间。夏季的毛色要比冬季深一些。

你知道吗？

驼鹿是很棒的游泳健将，它们游泳的最快速度可达10千米/时。就算是长达30千米的距离对它们而言也完全没有问题。

动物小档案

驼 鹿

栖息地：温带森林、针叶林、湿地

分布范围：亚欧和北美大陆北部

体长：2~2.6米

狐獴

动物小档案

狐 獴

栖息地：稀树草原、半沙漠

分布范围：非洲南部

体长：约35厘米

锋利的牙齿

捕食者的牙齿

狐獴是小型捕食者，它长着食肉动物特有的犬齿，可用于捕捉猎物。

更换洞穴

这种动物在它们的洞穴附近觅食，因此经常会出现食物短缺的情况，所以它们也会经常搬家。

“太阳镜”

狐獴的眼睛周围有一圈黑色的毛发。这可不是用来装饰的，而是有特殊的作用。深色的毛发能吸收刺眼的阳光，所以狐獴即使在艳阳下也能清晰地视物。

狐獴喜欢群居。一个群落最多有 30 只狐獴，它们共同生活在一个洞穴中。不过它们通常不亲自挖掘洞穴，而是会接管并扩建地鼠或其他动物的洞穴。即使在寻找食物时，动作敏捷的狐獴也总是在藏身处附近徘徊，以便危险来临时能迅速躲藏起来。这种小型食肉动物的菜单上有昆虫、蜘蛛，甚至还包括有毒的蝎子！为了保险起见，狐獴会先用前爪拍打蝎子，直到把它们拍晕，然后将蝎子的毒刺咬下并吐到一边。

爪 子

狐獴锋利的爪子可以用来挖洞以及在地里挖掘食物。

狐獴喜欢温暖，喜爱在洞穴前享受日光浴。

难以置信！

狐獴有明确的分工。当群落的一部分成员觅食时，其他成员会以典型的直立姿势站岗放哨。一旦发现有危险，它们就会嚎叫，发出尖锐的声音来警告。

茶色蟆口鸱

我根本不是猫头鹰，我只是假装成猫头鹰而已！

有趣的事实

具有欺骗性的外表

茶色蟆口鸱的命名者当初也被它猫头鹰似的外形给骗了。其实这种鸟根本不是猫头鹰，比起猫头鹰，它和雨燕的亲缘关系倒还更近一些！

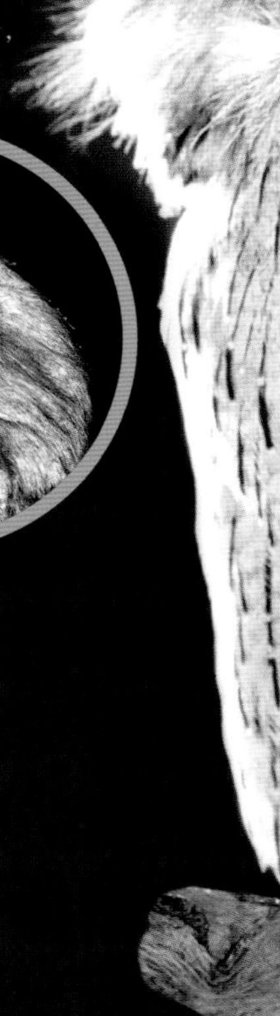

大嘴

如果遇到危险，这种鸟会张大嘴。

当茶色蟆口鸱白天停在茂密的树枝上纹丝不动时，人们几乎发现不了它：棕灰色的羽毛看起来像树皮一样，这简直是完美的伪装！这种鸟的喙非常宽大，好像蛤蟆的嘴，因此它被称为“蟆口鸱”。它在黄昏时捕食昆虫、蜗牛、蝎子、蜥蜴、蛇及老鼠。茶色蟆口鸱独居或与伴侣一起生活。雌鸟产下2～3枚卵后，亲鸟一起哺育后代。在孵化过程中，它们轮流孵卵，雏鸟孵化出来后，它们用昆虫喂养雏鸟。

动物小档案

茶色蟆口鸱

栖息地：开阔的森林、河岸、灌木丛

分布范围：澳大利亚、南亚

体长：约50厘米

完美伪装

难以置信！

茶色蟆口鸱感觉到有危险时，会让身体保持静止。它的外表让敌人几乎无法将其与树干区分开来。但是，如果敌人离得太近，它就会逃走。

总是很安静！

茶色蟆口鸱白天通常停在树枝上，只有在黄昏时它才会去觅食。

欧亚河狸

欧亚河狸是欧洲体形最大的啮齿目动物。依靠坚硬锋利的牙齿，它们可以啃倒整棵树。它们将树拆解后当作建筑材料或食物。欧亚河狸的牙齿能不断生长，橙色的牙齿前侧比内侧更加坚硬，在河狸咀嚼树木的过程中牙齿会越磨越锋利。河狸建造的巢穴，可供全家一起居住。巢穴的入口总是位于水下，有隧道通往干燥的巢穴内部。如果巢穴的墙壁变得太薄，河狸就会在上面堆积更多的树枝，这样渐渐就形成了一个典型的“河狸城堡”。这种建筑可供好几代河狸居住，也可能会成为其他动物的巢穴。

难以置信！

在陆地上，河狸显得相当迟缓和笨拙。但在水中，它们会展示出自己真正的才能。河狸能在水下憋气长达 25 分钟！

动物小档案

欧亚河狸

栖息地： 湿地、河流

分布范围： 亚洲、欧洲

体长： 约0.8米

河狸的尾巴

河狸的尾巴较扁，无毛，既能充当方向舵，也能储存脂肪。当河狸想要警告同伴有危险时，它会用尾巴用力拍打水面。

河狸太重了，没办法攀爬。因此，它们必须将树啃倒才能吃到树冠上更易于消化的嫩枝叶和嫩树皮。

知识加油站

- 河狸是灵巧的建筑师：如果水位下降，它们会在河流和溪流中建造水坝将水拦截起来，以确保巢穴的入口总是位于水下。

旗鱼

动物小档案

旗鱼

栖息地：海洋

分布范围：大西洋、印度洋、太平洋

体长：约3.5米

捕食中

旗鱼飞快地摆动长剑状吻部，让猎物根本没法逃脱。

旗鱼的肉质并不美味，它们只是竞钓运动员喜欢捕获的战利品。

你知道吗？

即使几条旗鱼同时遇到一群鱼，它们也只会发起单独进攻。但是，它们在高速攻击中并不会互相伤害。

背鳍

你能看到那引人注目的背鳍露出水面。这种鱼因其旗帜形的背鳍而得名。

纤细的旗鱼在海中快速游动。它的背上有一个巨大的、可开合的旗帜形背鳍。有时它游得离海面很近，展开的背鳍就会露出海面。旗鱼一般呈蓝灰色，但当它兴奋时会改变体色，闪烁出不同色泽的光芒。颜色变化也有助于它在捕食时与同伴沟通。捕食时，它通常会在不知不觉中接近鱼群，然后来回甩动长剑般的吻部，以捕捉尽可能多的猎物。但它也能精准地捕杀单个猎物。

纪录

110千米/时

旗鱼的游泳速度可达110千米/时！它是世界上速度最快的动物之一。在水下它可算是游泳冠军了！

褶虎

白天，褶虎通常头朝下、尾朝上一动不动地在树干上。它的四肢上既有方便在粗糙的树面攀爬的钩爪，也有皮肤褶皱。这些皮肤褶及其纤细的刚毛组成，哪怕是最小的不平整能紧密贴合。这种动物利用刚毛和物体表面子之间的作用力，像小磁铁一样吸附在物体 虽然每处的吸力非常弱，但由于刚毛和物面贴得很紧，这些力加起来形成一个强大的使褶虎牢牢地黏附在物体表面。

控制飞行

依靠扁平的尾巴，褶虎可以控制在空中滑翔飞行的方向。

滑翔而不是爬行

伸展开来的皮膜就像船帆一样，能让褶虎滑翔得更远。

完美的伪装

褶虎的皮肤介于橄榄绿到棕色之间，这能让它在夜间将自己很好地伪装起来：它的身体几乎能与树皮融为一体。

你知道吗？

褶虎的脚趾上长有特殊的皮膜。遇到危险时，它会从树上跳下来，张开皮膜滑翔到地面上。

爪 子

褶虎能靠爪子爬上树。

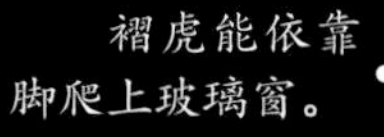

褶虎能依靠脚爬上玻璃窗。

皮肤褶皱

褶虎能依靠皮肤褶皱黏附在各种物体表面。

脚 蹼

脚趾间的皮膜和划水的脚蹼很相似，主要用来滑翔

动物小档案

褶 虎

栖息地：热带雨林

分布范围：东南亚

体长：约18厘米

螳螂虾

外表绚丽的色彩有助于螳螂虾之间相互交流。

动物小档案

螳螂虾

栖息地：海底、珊瑚礁附近
分布范围：温带和热带海域
体长：可达30厘米

眼睛

依靠这对特别的眼睛，螳螂虾能充分地利用水下的光照条件。

全世界约有 500 种螳螂虾。它们的颜色各不相同：从不起眼的棕色到鲜艳的彩色。所有螳螂虾都有一对独特的眼睛：它们的眼睛由眼柄支撑着，因此非常灵活，可以独立转动，并能看向不同的方向。和其他甲壳动物一样，螳螂虾的复眼由多达 10000 只的小眼组成，每只小眼都能形成一个像点。它的特别之处在于，大多数的动物只有 2 ～ 4 个不同的光感受器，但螳螂虾有 12 ～ 16 个。研究人员发现，虽然螳螂虾可能无法靠这些光感受器看到更清晰或更丰富多彩的东西，但它能更快地识别图像！

你知道吗？

螳螂虾出拳的冲击力非常大，出拳时能制造出大量会马上爆裂的气泡。因此，螳螂虾的猎物还会遭受第二次的打击，这一击对猎物而言相当致命。

难以置信！

有些螳螂虾只用一击就足以杀死猎物。科学家测试过它出拳的速度，可达到 23 米 / 秒，产生的加速度超过 10000 个 g（大约是火箭发射时的重力加速度的 1000 倍），这是动物界中最快的攻击速度！

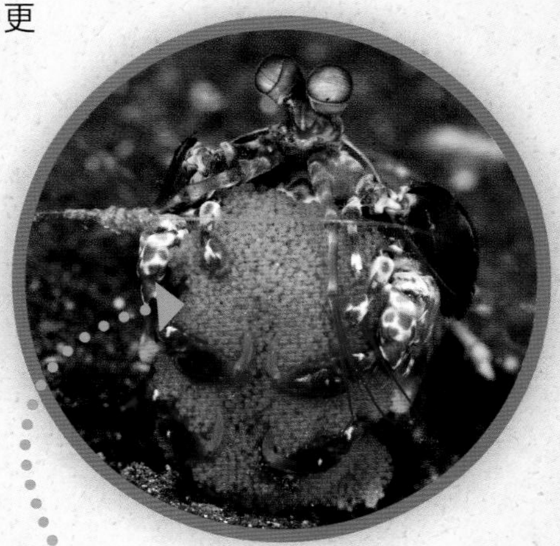

产卵

雌性螳螂虾将受精卵粘在一起，团成一团并随身携带，直到后代孵化出来。

火蝾螈

火蝾螈主要栖息在溪流和河流附近的森林中。夏季，它们白天躲在岩石的裂缝中、洞穴中或树叶下，只有在夜晚比较凉爽潮湿时，这种害羞的动物才会出来捕食蜗牛、蠕虫或昆虫。冬季，它们通常躲在洞穴里。成年的火蝾螈在陆地上生活，但它们的后代在水中长大。交配后，幼体在母体的子宫中发育，周身被卵壳保护着。出生后，幼体的后脑上仍有鳃，能在水中呼吸。当它们逐渐长大成熟后，就可以上岸了。

火蝾螈幼体

火蝾螈将已发育完全的、长出鳃的幼体产在水中。

在成长的过程中，幼体的皮肤逐渐变黑。

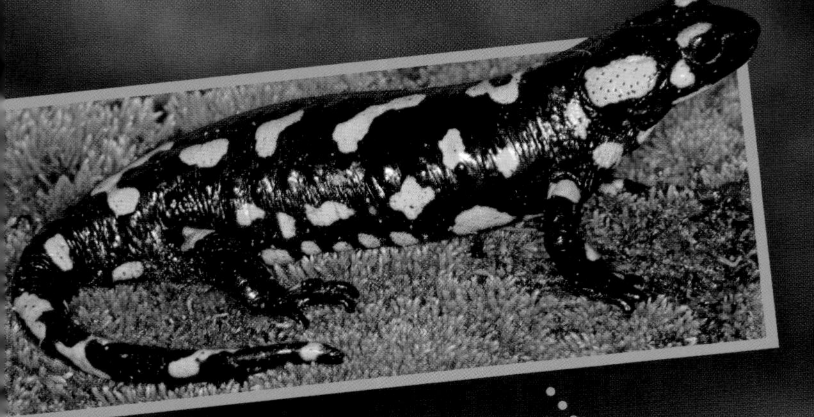

警告色

火蝾螈有一身闪亮的黑色皮肤，上面有黄色或橙色的斑纹。

你知道吗？

这种黄黑色两栖动物的名字来源于一个迷信：中世纪时，欧洲人曾认为火蝾螈可以灭火。因此，在中世纪发生火灾时，人们就将它们扔进火堆里！

请不要吃我，我并不美味！

动物小档案

火蝾螈

栖息地：温带森林

分布范围：非洲西北部、欧洲、西亚

体长：约20厘米

指猴

马达加斯加的居民认为，指猴是世界上最丑陋的动物，还会带来噩运。其实这种夜行性动物完全无害。日落时分，这些动物离开高树上的巢穴去寻找食物。指猴是一种杂食动物，它吃昆虫、水果、坚果、花蜜和蘑菇，最喜欢的食物是昆虫的幼虫。它用又细又长的中指叩击树干，判断其中有没有幼虫的洞穴。随后，它用尖牙在树皮上咬开一个洞，将手指伸进去，从中掏出幼虫。

良好的视力

指猴有一双大眼睛，能在黑暗中清楚视物。

你知道吗？

为了保护又细又长的手指，指猴通常将其蜷缩起来。特别是当它们四肢着地在地上奔跑时，它们总是将爪子握成拳头，这样手指就不会碰到地面了。

动物小档案

指 猴

栖息地： 热带雨林

分布范围： 马达加斯加

体长： 体长约45厘米，尾长约55厘米

挖 空

叩、咬、掏：指猴在这里忙活了半天，这棵树的树干上已经满是孔洞了。

难以置信！

当指猴捕食时，它会首先让主要的工具——中指变暖，这样皮肤里的神经会更敏感，手指会更灵活。捕食后，手指又变冷，以节省能量。

红鹳

红鹳很喜欢群居，它们会一大群聚集在一起繁殖。在非洲甚至有多达 100 万只的红鹳聚居在一起。

细长的腿、细长的脖子和粉色的羽毛——这就是红鹳的特征。红鹳还有一个更为人所熟知的名字——火烈鸟。这种大鸟有一个醒目的、向下弯曲的长喙，喙里面有栉形细齿，其作用类似于筛子。红鹳将喙伸入水中来回摆动，从中滤出藻类、蠕虫和小型水生甲壳动物。这种群居动物集群孵化后代。它们用泥浆为产下的卵建造一个圆锥形的巢穴。刚孵出的雏鸟羽毛呈灰色，喙是直的，不过随着时间流逝，雏鸟的喙越长越大，也会越来越弯。在雏鸟刚出生的 10 周里，亲鸟用嗉囊里分泌出的乳状物哺育雏鸟，直到它们能独立觅食。

后代

雌性红鹳通常只产 1 枚卵，大约 4 周后孵化出雏鸟。

为了保暖，红鹳经常只用一条腿站在水里。如果这条腿感觉太冷了，它们会把这条腿收起来，换另一条腿站立。

有趣的事实

吃啥像啥！

红鹳刚出生时，羽毛并不是粉色的，长大后羽毛才变成粉色。因为它们最喜欢的食物——虾、螃蟹和藻类中含有角黄素等类胡萝卜素，这些类胡萝卜素能让红鹳的羽毛变成粉色。

哺育雏鸟

红鹳用一种非常特别的食物哺育雏鸟：它们从嗉囊里分泌出含有大量脂肪的乳状物。

动物小档案

红 鹳

栖息地：咸水湖、海湾、河流入海口

分布范围：非洲、地中海、南美洲、中美洲、南亚、西亚

体长：1~2米

比目鱼

比目鱼是鲽形目鱼类的总称。它的身体扁平，特别适合在海床上过底栖生活：它侧着身子游动，平躺着滑过海床。白天，它喜欢把自己埋进海底的沙子里，将眼睛露出来朝外看。夜晚，它捕食小虾小蟹、蠕虫或小鱼。雌鱼为了产卵经常会游到大海深处。它一次性最多能产下 200 万粒卵！幼体刚孵化出来时，它们会像普通的鱼一样直立着在水中游动，但是慢慢地，随着它们长大，一只眼睛会向上移动到另一侧的眼睛上方。

你知道吗？

这只比目鱼的眼睛都在右侧！比目鱼的眼睛有的在身体右侧，有的则在身体左侧。

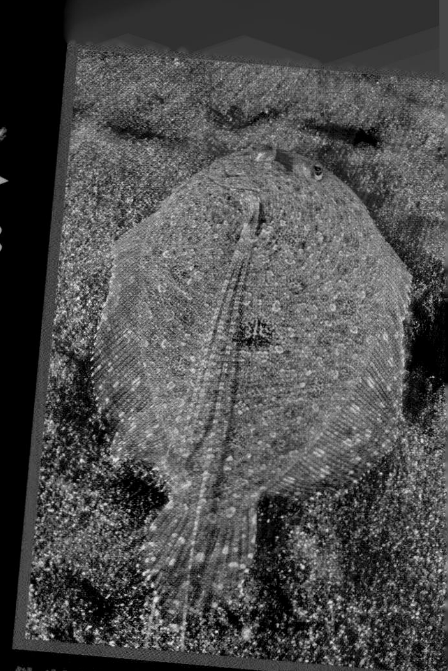

伪装得很好！

找到比目鱼了！完美的伪装让捕食者很难发现它。

动物小档案

比目鱼

栖息地： 海洋或河流底部的泥沙

分布范围： 各大洋的暖热海域，少数分布在淡水水域

体长： 25~50厘米

全景

比目鱼的眼睛可以旋转 180 度，能观察四周的情况。

粗糙的皮肤

比目鱼的身体表面比较粗糙，有些部位长有凸起的棘皮。

难以置信！

尽管比目鱼是海洋生物，但它们也能在淡水中生活。比目鱼在小的时候，会去往水质较好的河流，或栖息在河流入海口处的咸淡混合水域中，那里的海水盐度要低于正常海水。

河 马

河马是真正的重量级选手：一只成年河马的体重可达4.5吨！白天，它们喜欢在水中打盹，以免被烈日灼伤。它们通常只将眼睛、耳朵和鼻子露出水面。当它们完全潜入水底时，就会闭上耳朵和鼻孔。

河马不擅长游泳，它们在水下的前行方式称为“游走”似乎更合适，它们在水底行走，水的浮力可将它们托起来。夜晚，它们爬到岸上，经常徒步数千米到下一个草场觅食：一只河马每天最多能吃40千克草！

游泳的时间

河马表层的皮肤既薄又敏感，它们的皮脂腺分泌的黏液能保护皮肤，但还是需要经常往身上涂洒水和泥浆，以防止皮肤干裂。

育儿期

河马幼仔断乳后，它们还会在母亲身边待上大约5年。

动物小档案

河 马

栖息地： 湿地、积水、河流

分布范围： 热带非洲

体长： 3~4米

大 嘴

河马的牙齿最长可达60厘米。

难以置信！

尽管河马的外表很温驯，但它们其实非常危险。河马是非洲每年杀人最多的哺乳动物。

有趣的事实

河马不是马

尽管名字叫作河马，但这种大型哺乳动物的近亲并不是马，而是鲸。

这种动物的皮肤上几乎没有毛发，这让它们看起来光溜溜的。

军舰鸟

一只鼓起耀眼喉囊的雄性军舰鸟。

动物小档案

军舰鸟

栖息地：海岛、海岸

分布范围：热带和亚热带海域

体长：约1米

军舰鸟是卓越的飞行家。由于腿短弱，它几乎无法行走，也不能游泳，因此它只能在飞行中捕食。军舰鸟的主要食物是鱼，它们也吃软体动物和鸟蛋。在繁殖季，雄鸟将头抬至后脖颈，将醒目的喉囊鼓起来，这样雌鸟即使在远处也能看见这耀眼的红色。交配后，亲鸟一起照顾后代——这会持续很长一段时间：它们会喂养雏鸟约一年之久！军舰鸟在巨大的群体中繁衍后代，一个群体由数千只鸟组成。

成功了！

这只雄鸟成功吸引到雌鸟，就不用再鼓起喉囊了。

空中捕猎

军舰鸟会不断骚扰其他鸟类，一旦它们松开猎物，军舰鸟就将猎物据为己有。

谁是最美丽的雄鸟？在求爱期间，雄鸟会鼓起它的喉囊来吸引雌鸟。

难以置信！

这个敏捷的飞行员有时会像海盗一样抢走其他鸟类的猎物！所以人们也称军舰鸟为“海盗鸟”。

加蓬咝蝰

加蓬咝蝰被认为是世界上最重的毒蛇——尽管它的重量和体形如此可观，但在阴凉的森林地面上它几乎是隐形的。这全靠它的特殊技能：白褐黑三色鳞片上点缀着神秘的黑斑点，这种斑点几乎能吸收所有的光线，将蛇的轮廓隐藏起来。它经常纹丝不动地在落叶中潜伏数小时，静静地等待猎物。当猎物凑近时，它会以闪电般的速度一口咬住猎物不松口，直到致命的毒液毒性发作。如果遇到比较强壮的猎物，它会将其咬伤后放走，几分钟后再返回寻找它的猎物。它通常捕食啮齿动物，但也吃青蛙、猴子和豪猪。

人们对西非加蓬咝蝰和东非加蓬咝蝰进行了区分，发现只有西非加蓬咝蝰的鼻子上有两个小尖角。

加蓬咝蝰鳞片上的黑斑并不闪亮，而是哑光的。

加蓬咝蝰的毒性很强，但性情温顺，很少主动攻击人。尽管如此，你还是不要离它太近。

动物小档案

加蓬咝蝰

栖息地：热带雨林

分布范围：非洲撒哈拉沙漠以南

体长：约2米

你知道吗？

加蓬咝蝰的毒牙长达5厘米，所有毒蛇中最长的。

猎 豹

凝聚力

雄性猎豹有时候会结成联盟。联盟通常由在一起生活多年的兄弟组成。

动物小档案

猎 豹

栖息地： 沙漠和半沙漠、稀树草原

分布范围： 非洲中部、西部和南部

体长： 约1.5米

耐心的捕食者

下一个猎物什么时候来？一天中的大部分时间猎豹都在寻找猎物。它们一般潜伏在高地或小山丘上。当它们发现一只猎物时，便会悄悄地逼近。

猎豹悄悄地跟踪猎物，然后突然开始冲刺，以惊人的速度冲向猎物。一旦逮到猎物，猎豹便会将其扑倒，用尖利的牙齿咬住猎物的脖子。这种长腿猫科动物最喜欢捕猎羚羊。猎豹通常不敢接近体形较大的动物，因为猎豹自身相对比较弱小。为了避免遇上夜行的狮子及其他强壮的动物，猎豹通常在白天活动。猎豹的超快速度归功于其苗条的身形。与其他猫科动物不同，它们的爪子不能完全缩回。跑步时，它们的爪子就像钉子一样钉入地面，能提供很好的支撑性和抓地力。

纪录

110 千米/时

猎豹能以约110千米/时的速度在稀树草原上奔跑。它们被认为是世界上速度最快的陆生动物。

浅灰色的鬃毛

幼仔们浅灰色的颈部鬃毛能给它们提供很好的伪装。因此，它们在稀树草原上不容易被捕食者发现。

冲刺之后，猎豹会跑得上气不接下气，必须先喘口气休息一段时间才能开始进食。

美国毒蜥

美国毒蜥发出“嘶嘶”的声音进行警告时，建议你最好小心一点儿，因为被它咬一口可是会丧命的！这个沙漠居民是为数不多的有毒蜥蜴之一。当这种蜥蜴感觉受到攻击时，它就会紧紧咬住对方，并让其无法很快挣脱，然后将毒液注入猎物的伤口中。但只有当它被激怒且必须自卫时才会咬人。美国毒蜥纤薄的皮肤无法保护自己不被烈日灼伤，因而它通常只在黄昏时才爬出洞穴觅食。它最喜欢吃鸟类和爬行动物的卵，但也喜欢吃啮齿动物、小鸟和爬行动物。

产 卵

雌性美国毒蜥一次通常能产5枚卵。与这种蜥蜴的体形相比，它们的卵算是相当大了。

你知道吗？

美国毒蜥能用尾巴储存脂肪。当食物短缺时，美国毒蜥依靠尾巴上的脂肪提供能量，维持生存，然后尾巴就会变得越来越细。

动物小档案

美国毒蜥

栖息地：沙漠、草原

分布范围：美国西南部、墨西哥西北部

体长：约50厘米

特殊的皮肤

美国毒蜥的皮肤上有斑纹。它的背上散布着粒状的鳞片，底部有皮内成骨。

强有力的四肢

美国毒蜥用有力的四肢进行挖掘，每只脚上有5个利爪。

分叉的舌头

美国毒蜥用舌头将捕捉到的气味传递给一个特殊的器官——犁鼻器，它依靠这个器官感知味道。

长颈鹿

雄性长颈鹿头上的鹿角可长达 25 厘米。

长颈鹿将大部分时间用来进食，因为它们每天大约需要吃 60 千克的金合欢树叶！依靠长长的脖子，它们能吃到树顶的叶子。长颈鹿的深蓝色舌头可长达 45 厘米，它们用舌头从树枝上“揪”下嫩叶。喝水对长颈鹿而言是一件比较辛苦的事情：它们必须叉开前腿，稍微弯曲膝盖，这样头部才能触及地面上的水。年幼的长颈鹿保持这种姿势时，容易成为食肉动物的猎物，因为它们无法迅速逃脱。长颈鹿的幼仔出生后几小时就能行走了。如果幼仔受到狮子攻击，母亲会用强有力的蹄子来保护幼仔。

你知道吗？

在所有哺乳动物中，长颈鹿的脖子是最长的。但与几乎所有的哺乳动物一样，它的脖子也由7块颈椎骨组成。长颈鹿是反刍动物，为了再次咀嚼胃里的叶子，食管必须把叶子从胃里输送到喉咙里，由此可见，它的食管肌肉真是太强壮了！

动物小档案

长颈鹿

栖息地：疏林、稀树草原

分布范围：非洲

体长：站立时由头至脚约6米

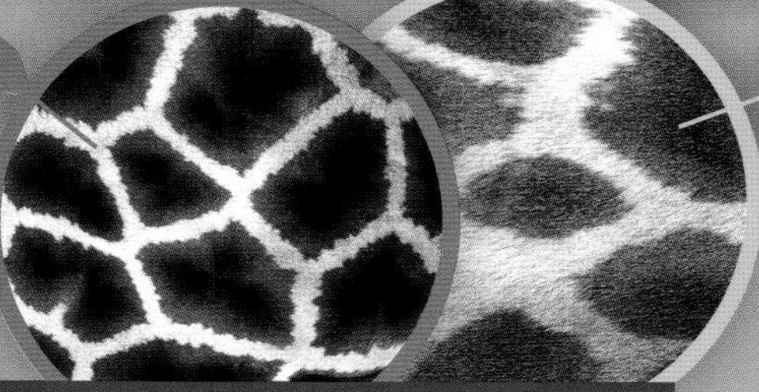

知识加油站

- 长颈鹿皮毛上的图案各不相同，不同亚种的长颈鹿皮毛上的斑点或花纹的图案不一。因此，它们能利用稀树草原的树木将自己很好地伪装起来。
- 类似于人类的指纹，每只长颈鹿的皮毛图案都是独一无二的。

难以置信！

长颈鹿跑得相当快：如果遇到危险，长颈鹿奔跑起来最快速度可达60千米/时。

粘得很紧！

玻璃蛙的脚趾上长有吸盘，具有良好的吸附性。

动物小档案

玻璃蛙

栖息地：热带雨林、热带季雨林

分布范围：尼加拉瓜南部到哥伦比亚西北部

体长：约3.5厘米

守 护

有的玻璃蛙会全天候守护蛙卵，有的玻璃蛙则只在夜晚守护蛙卵。

黏 液

浓稠的果冻状黏液能保护蛙卵，避免蛙卵过于干燥。

你知道吗？

玻璃蛙会将卵产在溪流之上的树叶上，当小蝌蚪被孵化出来后，它们就会落入下方的水中。

鼯鼠

你知道吗？

鼯鼠能在空中滑翔约80米。尽管它们有时被称为“飞鼠”，但其实它们并不会飞行。唯一会飞的哺乳动物是翼手目动物。

鼯鼠是真正的空中杂技演员！为了从一棵树上转移到另一棵树上，它们会爬到一个较高的起跳点。接着，它们用力一蹬，同时伸展四肢，张开毛茸茸的翼膜在空中滑翔。依靠毛发浓密的长尾巴，它们能在飞行中改变方向，以避开障碍物或改变目的地。为了降低滑翔速度，它们会垂直地立在空中，张开翼膜，然后四肢着地，安全着陆。着陆后，它们将翼膜收缩于身体两侧，用爪子爬到树冠上。

夜行性的鼯鼠在树上的巢穴里睡觉。它们喜欢居住在啄木鸟遗弃的树洞里。

你知道吗？

鼯鼠不会冬眠，它们会储存好食物迎接寒冬。此外，它们还会食用针叶和树皮。

动物小档案

鼯鼠

栖息地： 森林

分布范围： 亚洲、北美洲、北欧

体长： 约20厘米

食物

鼯鼠最喜欢吃坚果和水果，但也爱吃昆虫和鸟类的卵。

黑鹭

黑色的羽毛、黑色的喙、深色的眼睛以及深色的腿使黑鹭的外表看起来相当阴沉，但那双亮黄色的脚给它的外表增添了一丝色彩。黑鹭体形中等，经常出没于稻田、沼泽、河岸、河流入海口及红树林附近，它在这些地方捕食鱼类、甲壳动物和青蛙。它摇摇晃晃地穿过浅水区，在合适的地方停下，用几秒钟的时间快速张开双翅形成一个“钟罩”。通过这种方式让鱼游进它制造的阴影中。一旦发现鱼，它便会以闪电般的速度迅速扑向鱼。然后，它会继续往前走几步，尝试着再次碰碰运气。

黑色的羽毛

黑鹭身上最显眼的地方就是那身漆黑的羽毛。

捕食方式

黑鹭会在行走或奔跑的过程中将翅膀围成一个钟罩的形状。

动物小档案

黑 鹭

栖息地： 湿地、沼泽、热带雨林、热带季雨林

分布范围： 非洲

体长： 42～66厘米

影 子

黑鹭利用翅膀将一小块水面遮起来，避免水面上阳光的反射影响视力，这样它就能更清楚地看到猎物。

你知道吗？

对黑鹭而言，将翅膀围成钟罩的形状是一件很辛苦的事情，它只能保持这个姿势约4秒，然后它就得休息一会儿。

低下头，仔细观察！也许过一会儿就能发现“午饭”了……

大猩猩

大猩猩做出用双拳捶打胸部这一标志性动作，是想展示自己的力量并威慑对方。

大声咆哮！

是在咆哮还是只打了个哈欠？大猩猩的面部表情非常丰富。

尽管大猩猩的外表令人害怕，但其实它们是温和的森林居民。白天，它们悠闲地在雨林中漫步，吃树叶、水果及其他植物。因为大猩猩总是走几步就休息一会儿，所以它们一般每天步行不会超过 1 千米。虽然这种强壮的动物大部分时间都在地上度过，但它们也是很棒的攀登者！天色晚了，它们就在树上搭建起舒适的睡巢，然后只在这里待一个晚上。因为体形和力量上的优势，大猩猩除了人类之外几乎没有天敌。然而它们仍濒临灭绝——因为它们的栖息地正在遭受破坏。

你知道吗？

大猩猩生活在一个小型族群中，每个族群由一只年长的雄性大猩猩领导。因为随着年龄的增长，大猩猩背上的皮毛会变为银灰色，所以它被称为“银背大猩猩”。

大猩猩是没有尾巴的类人猿之一。

一只银背大猩猩能带领多达 50 只大猩猩。遇到危险时，它会散发出一种特殊的气味，无声地向同类发出警示。

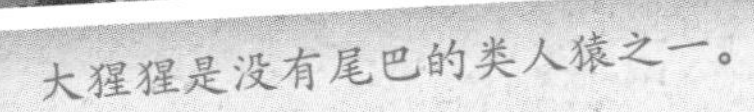

动物小档案

大猩猩

栖息地：热带雨林、热带季雨林、山区

分布范围：非洲靠近赤道的地区

体长：1.4~1.7米

母爱

雌性大猩猩会长时间地照顾它的后代，3 ~ 4 年后幼仔才会独立。

螳 螂

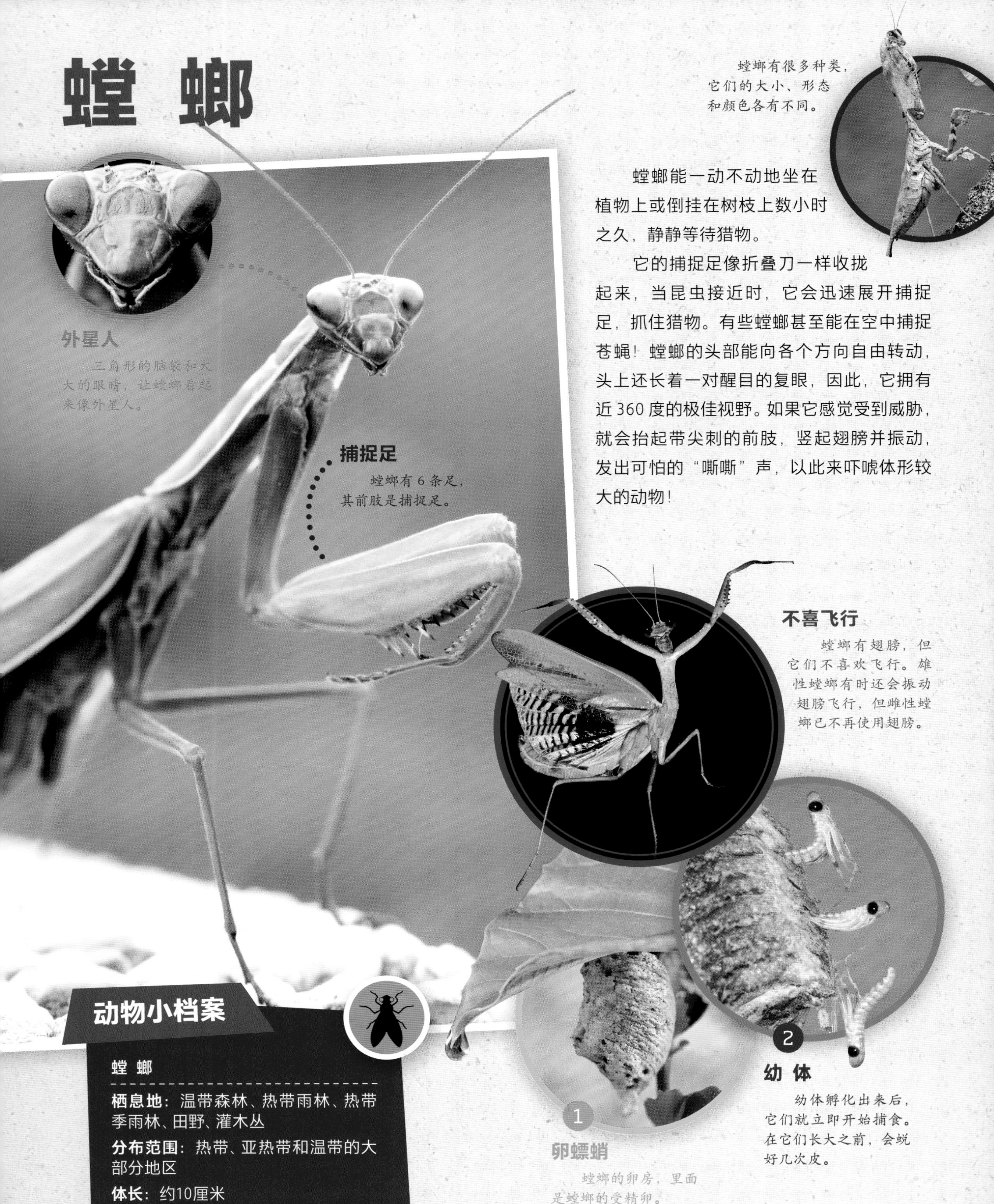

蟑螂有很多种类，它们的大小、形态和颜色各有不同。

蟑螂能一动不动地坐在植物上或倒挂在树枝上数小时之久，静静等待猎物。

它的捕捉足像折叠刀一样收拢起来，当昆虫接近时，它会迅速展开捕捉足，抓住猎物。有些螳螂甚至能在空中捕捉苍蝇！螳螂的头部能向各个方向自由转动，头上还长着一对醒目的复眼，因此，它拥有近360度的极佳视野。如果它感觉受到威胁，就会抬起带尖刺的前肢，竖起翅膀并振动，发出可怕的“嘶嘶”声，以此来吓唬体形较大的动物！

外星人

三角形的脑袋和大大的眼睛，让螳螂看起来像外星人。

捕捉足

螳螂有6条足，其前肢是捕捉足。

不喜飞行

螳螂有翅膀，但它们不喜欢飞行。雄性螳螂有时还会振动翅膀飞行，但雌性螳螂已不再使用翅膀。

1 **卵螵蛸**

螳螂的卵房，里面是螳螂的受精卵。

2 **幼 体**

幼体孵化出来后，它们就立即开始捕食。在它们长大之前，会蜕好几次皮。

动物小档案

螳 螂

栖息地：温带森林、热带雨林、热带季雨林、田野、灌木丛

分布范围：热带、亚热带和温带的大部分地区

体长：约10厘米

蓝环章鱼

蓝环章鱼是世界上毒性最强的动物之一。它在用尖锐有力的喙啃咬猎物之前，会通过耀眼的颜色变化来警告猎物。遇到危险时，它的皮肤上深色的环就会闪现出明亮的蓝色光。平时，这些圆环被棕色的皮肤褶皱所遮盖，当它感觉受到威胁时，彩色的图案就会通过特殊的肌肉运动变得可见。这种害羞的动物通常栖息在珊瑚礁中，它们在那里捕食小型的甲壳动物。与所有的章鱼一样，雌性蓝环章鱼一生只产一次卵，孵化出幼体后它便会立刻死亡；雄性蓝环章鱼则会在交配后不久死亡。

别碰！它看起来很美，但带有剧毒！

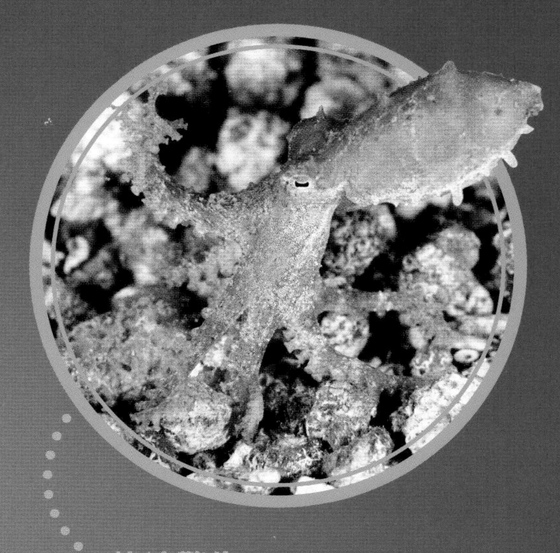

快速警告

在三分之一秒内，这种章鱼就能点亮身上的警告色环。

知识加油站

- 毒素并不是由蓝环章鱼自身所分泌的，而是由存在于其唾液腺中的细菌产生的。
- 蓝环章鱼的卵也有毒。
- 河鲀的毒素和蓝环章鱼的毒素相似。

动物小档案

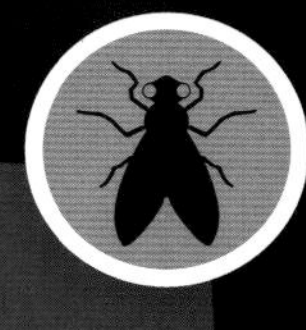

蓝环章鱼

栖息地：浅海、珊瑚礁

分布范围：澳大利亚和东南亚海域

体长：约12厘米

吸 盘

这些吸盘排列成两行。它们相对比较宽大，内壁光滑。

叶海龙

叶海龙看起来像被撕开的海草。这种动物就是这样将自己极好地伪装起来，隐藏在海草床和海藻丛中！它们的颜色也适应了周围的环境：浅海区域的叶海龙呈黄绿色，较深区域的叶海龙则呈红褐色。小型甲壳动物、小鱼和浮游生物都是它们的食物。它们只用喇叭状的嘴巴吸取食物。在繁殖季，雄性叶海龙会长出一条亮黄色的尾巴，雌性叶海龙将卵产在雄性叶海龙尾部的育婴囊中，卵由雄性叶海龙负责孵化。大约 8 周后，幼体便孵化出来了，数小时后它们就能独自游动了。

伪装

不要忽视那些丝带状的附肢。它们能随着环境变化而改变颜色。

动物小档案

叶海龙

栖息地：浅海

分布范围：澳大利亚南部和西部海域

体长：约35厘米

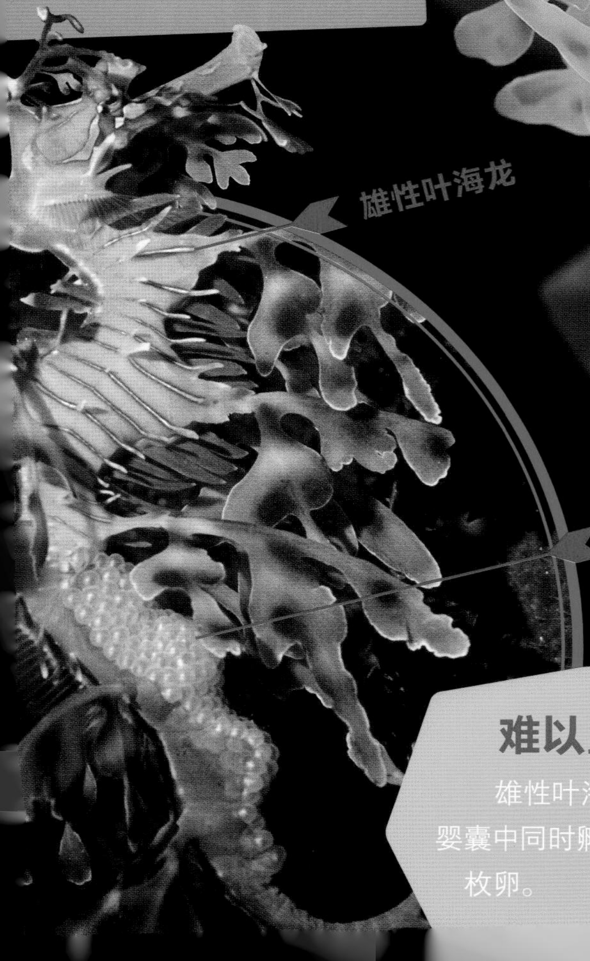

雄性叶海龙

卵

难以置信！

雄性叶海龙能在其育婴囊中同时孵化 250 ~ 300 枚卵。

大熊猫

大熊猫属于熊科，尽管它几乎只吃植物——它最喜欢吃竹子，但其实它偶尔也吃肉。大熊猫的伪拇指结构可以让它轻松地抓握最喜爱的食物。此外，因为全年都能找到竹子，所以和它的那些熊亲戚不同，大熊猫并不会冬眠。如果天气太冷，它会迁移到海拔较低的地区。成年大熊猫和人类差不多高，重 80 ～ 120 千克。相反，刚出生的大熊猫幼仔还没有一只仓鼠大，体重仅 100 克左右！

大熊猫的主要活动：吃。

难以置信！

因为大熊猫不能很好地消化营养不多的竹子，所以它每天得吃大约 12 千克甚至更多的竹子。大熊猫每天花在吃上的时间超过 15 小时！

后 代

大熊猫宝宝非常小。刚出生时，它们和成年大熊猫长得不太像。最初，它们几乎没有毛发，全身都是粉色的。只有等它们长大后，人们才能看到那经典的黑白相间的皮毛。

大熊猫宝宝

优秀的攀爬者

大熊猫主要生活在陆地上，但也会爬山和游泳。

动物小档案

大熊猫

栖息地：高山上的竹林

分布范围：中国

体长：约1.5米

宽吻海豚

宽吻海豚或许是人们最熟知的一种海豚。海豚与鲸一样，都属于哺乳动物，必须定期浮出水面呼吸空气。但其幼仔在水下出生。为了避免幼仔一出生就溺亡，幼仔的尾鳍会先被生出。紧接着，它的母亲就会将它托举到水面上，以便它能呼吸到空气。宽吻海豚生活在由数百只海豚组成的族群中，人们称其为海豚族群。它们靠哨声传递信息，经常一起协作围捕鱼群。当族群中有海豚生病或受伤时，这些海豚也会互相帮助。

难以置信！

宽吻海豚是世界上最聪明的动物之一。研究人员发现，这种动物甚至能呼唤彼此的名字进行沟通。宽吻海豚的名字由独特的哨声组成。当听到其他宽吻海豚呼叫自己时，海豚能识别出自己的名字并和对方进行交流。

海豚族群

跃身击浪！

这群宽吻海豚一起在海浪间穿梭着。也许它们只是在愉快地嬉戏，又或许它们正在捕食猎物。

有趣的事实

逐浪者

宽吻海豚喜欢在大型船只的船头逐浪，这个奇观绝对会让你难以忘怀！

动物小档案

宽吻海豚

栖息地： 海洋，常在浅海活动

分布范围： 温带和热带海域

体长： 可达4米

宽吻海豚是哺乳动物，不是鱼类。

所有海豚都属于齿鲸，由于不能换牙，它们终生只能使用一副牙齿。

双髻鲨

两条䲟鱼牢牢地吸附在这只双髻鲨的腹部。

难以置信！

在奥运会标准大小泳池那么大的范围里，双髻鲨能嗅出一滴血的味道。双髻鲨头部的“劳伦氏壶腹”能让它依靠电场追踪到海底的鳐鱼。

双髻鲨以其头部发髻一样的形状而得名。所有种类的双髻鲨的头部都极其宽大，但细节特征不尽相同。双髻鲨的眼睛位于头部两侧，它拥有出色的 360 度视野。这种鲨鱼白天聚集在一起，晚上独自游荡。

虽然许多鲨鱼是卵生或卵胎生，但双髻鲨是胎生，一年通常可以产下 13 只左右的幼鲨，其中无沟双髻鲨一次可以产下 20 ～ 40 只幼鲨。幼鲨出生后就要独自求生，需要提防包括其他鲨鱼在内的捕食者。有人食用鲨鱼的鱼鳍，也就是鱼翅，导致双髻鲨被大量捕杀，有些种类的双髻鲨已濒临灭绝。

动物小档案

双髻鲨

栖息地：浅海

分布范围：热带和亚热带海域

体长：1～4米

你知道吗？

雌性窄头双髻鲨能在没有雄性的情况下繁殖！

在这条双髻鲨的头部后方能看到鳃裂。鲨鱼靠鳃裂呼吸，这样它们就能从水中吸到氧气。

繁殖

两条双髻鲨在水面附近交配。幼鲨会在母鲨的腹中发育。

双髻鲨在白天会成群出现，有时一个族群有多达 1000 只双髻鲨。

榛实象鼻虫

和所有的象鼻虫一样，榛实象鼻虫的头部有一个象鼻一样的口器。雌性象鼻虫会用这个口器在未成熟的榛子上凿一个洞，然后在榛子里面产卵。幼虫从卵中孵化出来，啃食榛果内部的果肉。被啃食的榛果通常会提前掉落到地上。

幼虫长大一点儿后，会在果壳上咬一个洞，从果壳里面爬出来。随后它便钻入土中准备越冬。多数幼虫在春天化蛹，数周后，成虫便破蛹而出。成虫会再次爬到榛子丛中，在那里繁衍新的后代。

你知道吗?

没有比这更庞大的家族了！榛实象鼻虫属于象甲科昆虫，已发现的象鼻虫有6万多种。科学家估计，它们是所有昆虫中物种数量最多的一类。

你好，幼虫!

幼虫正准备搬进下一个住所，它从坚果中爬出来，钻入土中。秋天，人们经常会看到榛子散落一地，这些榛子壳上可能就会有一个约2毫米宽的小孔。

动物小档案

榛实象鼻虫

栖息地：森林、花园、榛子丛

分布范围：亚洲、中欧

体长：最长可达9厘米

嗯，好吃!

幼虫不停地吃，长得又胖又圆。当它破蛹之后，就变成了成虫。

榛实象鼻虫不只在榛子丛中觅食，它也会吃其他树叶和果实。

难以置信!

榛实象鼻虫有一个特别大的象鼻形口器，榛实象鼻虫要用它刺穿榛子壳。雌性榛实象鼻虫的口器甚至比身体还要长!

麝雉

麝雉是一种奇特的鸟，它不擅长飞行，通常笨拙地在树枝间跳跃、攀爬。即使飞起来，它也只能飞行一段很短的距离，但是麝雉擅长游泳。麝雉基本只吃树叶和果实。

麝雉总在水面上方的树枝上筑巢。雏鸟孵化出来后，过 2 到 3 周便会首次离开巢穴。发生危险时，雏鸟会跳入水中逃离，雏鸟很擅长游泳。脱离危险后，雏鸟会爬回亲鸟筑造的巢中。雏鸟的翅膀尖端长有钩爪，能用来爬树。但当它们长大后，这对有用的攀爬工具就会脱落。

动物小档案

麝 雉

栖息地：热带雨林

分布范围：南美洲

体长：约60厘米

有趣的事实

长羽毛的“臭气弹”

麝雉有一个特别大的嗉囊，这个嗉囊像胃一样，可以分解麝雉爱吃的热带树木的叶子。但这个嗉囊会让麝雉身上散发出难闻的气味，这也就是它被称为“臭鸟”的原因！

小小的雏鸟

雏鸟刚出生时光秃秃的，之后才会长出羽毛。它们不必为食物担忧，因为给它们喂食的亲鸟会把自己嗉囊中的食物喂给它们。

尝试飞行

麝雉不擅长飞行——也许是因为它实在太重了。此外，它的飞行肌肉也不够发达，无法让它在空中飞行较长的距离。

难以置信！

麝雉源于非洲。但这种不擅飞行的鸟是如何抵达南美洲的呢？科学家猜测，麝雉是随着大洋漂流物迁徙到南美洲的。

蜜蜂

蜜蜂是非常特殊的益虫，它们生产蜂蜜，还能帮助果树结出果实。80% 的开花植物由蜜蜂等动物传粉。蜜蜂生活在蜂巢中，一个蜂巢里有多达 50000 只蜜蜂。

大部分蜜蜂为工蜂。工蜂根据日龄的大小会承担不同的工作。工蜂的工作有建造蜂巢、清洁蜂巢、照顾幼蜂、收集花蜜和守卫蜂巢等。

每个蜂巢都有一个蜂王，它会在夏季交配受精，然后开始产卵，每天产卵量有几百到上千粒！

动物小档案

蜜 蜂

栖息地：有开花植物的地方

分布范围：几乎全球陆地

体长：最长可达2.2厘米

传 粉

蜜蜂从花中吸出花蜜时，花粉会粘在蜜蜂的后肢上，被蜜蜂运输到其他花上，这就是传粉。

蜜蜂蜇了人之后，它带有倒刺的螯针会卡在人有弹性的皮肤中。

螯针

繁忙的工作

在蜂巢中，一切都围绕着巢房中的幼蜂运转。

液体“黄金”

蜂蜜中至少含60% 的葡萄糖和果糖，甜美可口。

难以置信！

“勤劳的蜜蜂”一词可不是随便说的，一只工蜂每天采蜜要飞行几十千米到几百千米！

蜜獾

当蜜獾在它的领地里散步时，完全不担心有敌人侵袭。它有锋利的爪子、尖锐的牙齿和厚实得几乎无法刺破的皮肤，简直是全副武装！当它感觉受到威胁时，还会从臭腺中喷洒出一种难闻的液体。靠这一身装备，即便是狮子也得小心提防蜜獾！

蜜獾最喜欢吃肉。它们通常在黄昏时去捕食小型哺乳动物、鸟类、蛋、青蛙或昆虫幼虫。此外，它们也非常喜欢吃蜂蜜。虽然它们通常在地上觅食，但为了吃到可口的甜食，有时也会爬到树上。

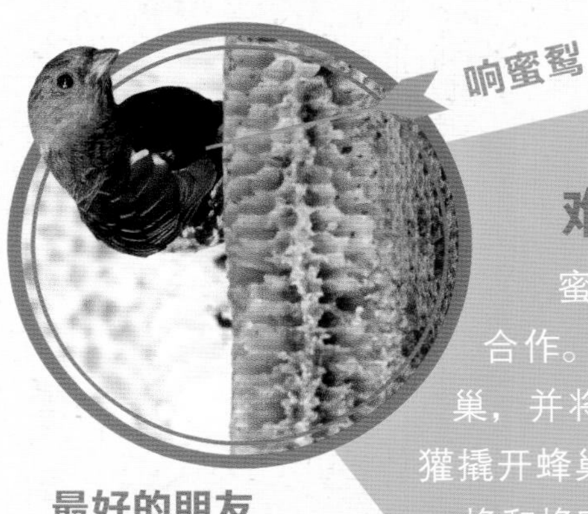

最好的朋友

如果响蜜䴕发现了蜂巢，它会用鸣叫声将蜜獾带到那里。

难以置信！

蜜獾与响蜜䴕通力合作。响蜜䴕负责寻找蜂巢，并将蜜獾指引过来。蜜獾撬开蜂巢后，就开始大吃蜜蜂和蜂蜜，响蜜䴕则可以吃蜂蜜和蜜蜡。

你知道吗？

蜜獾很清楚自己的战斗装备有多优越，因此它被看作是世界上最具侵略性的动物之一。它甚至敢攻击水牛，还能驱逐鬣狗，甚至能从毒蛇口中夺取食物。

皮毛图案

蜜獾的皮毛颜色在动物界中非常罕见。一般的动物都是腹部的毛色较浅，背上的毛色较深，而蜜獾则恰恰相反。

动物小档案

蜜 獾

栖息地：稀树草原、森林

分布范围：非洲、西亚、南亚

体长：60～100厘米

犬 齿

吃最喜欢的甜食时，蜜獾并不需要用到锋利的牙齿。但它能靠犬齿捕食猎物、撕碎肉块。

紫蓝金刚鹦鹉

濒临灭绝

紫蓝金刚鹦鹉是世界上体形最大的鹦鹉。钴蓝色的羽毛以及眼周和喙边的黄色皮肤使得这种美丽的鸟儿格外惹人注目。依靠极其结实的喙，紫蓝金刚鹦鹉能毫不费力地敲碎棕榈果实，这是它最喜欢的食物之一。它的喙也是攀爬时的得力工具。

紫蓝金刚鹦鹉喜欢群居，一个小族群最多由16只鹦鹉组成，它们栖息在热带雨林中。一旦找到了伴侣，它便会和对方共度一生。交配后，雌性鹦鹉在树洞中孵卵，雄性鹦鹉则负责提供食物。

体形最大的鹦鹉

只有在空中，人们才能看到紫蓝金刚鹦鹉超大的翼展，它是体形最大的鹦鹉。

你知道吗？

紫蓝金刚鹦鹉濒临灭绝。由于许多人想将其作为观赏鸟养在家中，野生紫蓝金刚鹦鹉的数量在急剧减少。

令人印象深刻

眼睛周围和下喙周围是黄色的皮肤，没有长羽毛。

分享

一只雄鸟用喙给一只雌鸟一个坚果。

知识加油站

- 紫蓝金刚鹦鹉、李尔氏金刚鹦鹉和蓝绿金刚鹦鹉都属于琉璃金刚鹦鹉。蓝绿金刚鹦鹉可能已经灭绝了。

动物小档案

紫蓝金刚鹦鹉

栖息地：热带雨林

分布范围：南美洲中部

体长：约1米

斑鳍蓑鲉

斑鳍蓑鲉栖息于印度洋、红海和太平洋水下 50 米左右的深处。白天，它隐藏在大珊瑚礁下或洞穴中。只有在夜里，它才会去捕食小型甲壳动物和鱼类。这种色彩艳丽的鱼游得很慢。为了提防捕食者，它可以将自己在自然环境中很好地伪装起来。它的背鳍、胸鳍和臀鳍长着引人注目的长长鳍条。身体上是白色与红色相间的斑纹，这让它与珊瑚礁融为一体。

斑鳍蓑鲉能靠毒液保护自己抵御攻击者，即使是潜水员也会和它们保持距离。

难以置信!

斑鳍蓑鲉的背上长着含有剧毒的鳍棘，棘条根部的毒腺能分泌会给人带来剧痛的毒液。

毒棘

攻击

斑鳍蓑鲉用胸鳍将猎物驱赶到狭窄处。现在情况就变得很危险了!

红色条纹

这些条纹起到威慑和警告的作用。

动物小档案

斑鳍蓑鲉

栖息地：珊瑚礁
分布范围：印度洋、太平洋、红海、大西洋
体长：20～40厘米

美洲豹

你知道吗?

黑美洲豹是得了黑化症的美洲豹，黑美洲豹的皮毛天生就是黑色的，但在光线良好的情况下，人们仍能看到它皮毛上典型的美洲豹斑纹。黑美洲豹分布在南美洲的部分地区。

动物小档案

美洲豹

栖息地：森林、沼泽、草原

分布范围：美国南部、墨西哥、中美洲、南美洲

体长：110~180厘米

美洲豹踏着悄无声息的步子在南美洲的热带雨林中潜行。它的皮毛呈金黄色，上面点缀着环状黑斑。这个图案模仿了茂密森林中斑驳的光影，能让美洲豹很好地伪装起来。

美洲豹最喜欢待在水边，它非常擅长游泳，能在水中游较远的距离。这种独行动物能捕食约 90 种不同的动物，包括水豚、鹿、貘、犰狳、猴子和鱼类。这种猫科动物通常会通过咬破猎物的喉咙或头骨来杀死猎物。依靠极其有力的牙齿，美洲豹甚至能咬碎龟壳。

美洲豹位于食物链的顶端，除了人类，它在自然界中没有其他天敌。但是它的大部分栖息地都因森林砍伐而受到威胁。

难以置信！

美洲豹是非常强壮的捕食者。它擅长在短时间内快速冲刺，因此，它会尽可能地靠近猎物，然后纵身一跃，跳到猎物身上。

美洲豹每窝能生 1 到 4 只幼仔，幼仔需要约 6 周时间才能长到成年家猫般的大小。

帝企鹅

帝企鹅生活在世界上最冷的大陆——南极洲。南极洲是冰冻荒漠。帝企鹅为了减少身体能量的消耗，会腹部朝下，趴在冰面上向前滑动。到达繁殖地后，雌企鹅会产下卵，雄企鹅伴侣会将卵放在自己的脚背上。雌企鹅怀孕分娩导致身体能量消耗殆尽，因此会立刻离开去觅食。雄企鹅用温暖的腹部皱皮（也就是孵卵斑）把卵盖住，开始孵化后代。小企鹅孵化出来之后，雌企鹅便会回来。它已为小企鹅准备好预先在胃中消化了的鱼。随后，雄企鹅便去海里觅食。接下来，亲鸟会轮流给小企鹅喂食，直到它能独立生活。

为了不浪费美味的“鱼肉粥”，雏鸟把头深深地探进亲鸟的喉咙里。

在返回海洋的途中，帝企鹅既可以在冰上滑行，还可以步行。

纪录

1000千米

帝企鹅一次外出觅食能走1000千米。

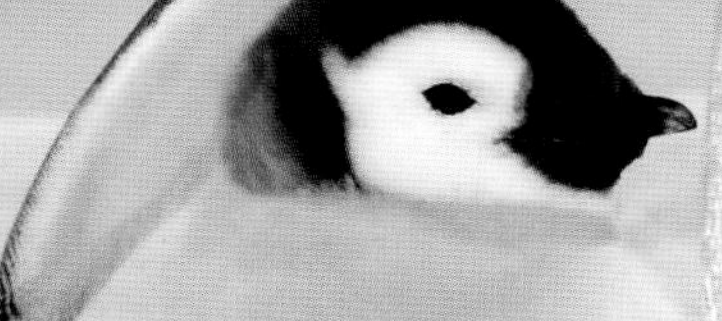

帝企鹅能以15千米/时的速度游泳，而且它还是优秀的潜水员。

动物小档案

帝企鹅

栖息地：海岸、海洋

分布范围：南极洲

体长：约1.2米

你知道吗？

帝企鹅可长到50千克重、超过1米高。它们是世界上体形最大的企鹅。

环尾狐猴

尾巴

高高竖起的环形斑纹尾巴。

约50厘米长

你知道吗?

在环尾狐猴的社会中，雌猴负责领导行动，最强壮的那只雌猴就是首领，其他雌猴的地位次之，雄猴的地位最低。

环尾狐猴夜晚睡在树上，它们经常紧紧地抱成一团。

长长的尾巴上有着环状的黑白条纹，这是环尾狐猴身上最显著的特征。它们用尾巴辨别同类身份和与同类交流，因此在行走时，它会将尾巴高高翘起。

在繁殖季，雄猴会用尾巴进行“臭气争斗”，它用身上的臭腺给尾巴涂上一种发臭体液，然后朝着对手晃动尾巴，熏赶对手。此外，它还靠尾巴在攀爬和跳跃时保持平衡。环尾狐猴最爱吃水果，它们的菜单上还有树叶、鲜花和昆虫。

别懒散地躺在这儿!

爱晒太阳

有趣的事实

晒晒太阳

环尾狐猴是真正的太阳崇拜者。它们笔直地坐着，把前肢放在膝盖上，看起来仿佛是在冥想。

动物小档案

环尾狐猴

栖息地： 森林

分布范围： 马达加斯加西南部

体长： 总长约110厘米

灰海豹

灰海豹生活在北大西洋沿海地区。灰海豹主要以鱼类为食，每天需要进食约 5 千克的鱼才能吃饱。灰海豹在捕猎时，能以闪电般的速度冲入水中，潜入水下 100 米的深处！

在繁殖季，数只雌灰海豹与一只雄灰海豹交配。小灰海豹刚出生时，身上长着蓬松的白色皮毛，独自躺在海滩上，等着雌海豹来哺乳。2 到 4 周后，它会长出一身防水的灰色皮毛，皮毛下面还有一层厚厚的脂肪，保护它不被寒冷侵袭，这时候它才会去海里学习捕食。

繁殖季，灰海豹聚集在海岸上。

你知道吗？

在陆地上，灰海豹相当笨重，它们只能非常缓慢地移动。在水中则大不一样，它们是非常出色的游泳健将和潜水员。

皮毛的颜色

雌灰海豹毛色浅、花斑颜色深，而雄灰海豹则相反，毛色深，花斑颜色浅。幼仔有一身白色的皮毛。

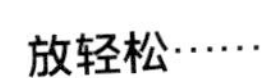

动物小档案

灰海豹

栖息地：海岸、海洋

分布范围：北大西洋

体长：约3.3米

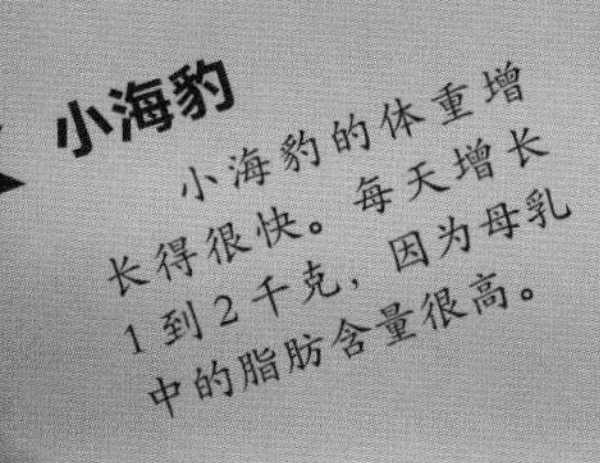

小海豹

小海豹的体重增长得很快。每天增长 1 到 2 千克，因为母乳中的脂肪含量很高。

几维鸟

闻起来可真香……嗯……闻着像蠕虫和昆虫幼虫的味道……
CAUTION
CROSSING
AT NIGHT
鼻孔

几维鸟是不会飞的走禽，也是新西兰人的最爱。乍一看，这个新西兰的国宝毫不起眼。几维鸟的身体圆而笨拙，没有尾巴，翅膀短短的，并不适合飞行。但几维鸟的腿部很强壮，还有一双大脚，这使它成为一个耐力超强、速度极快的跑步健将。站立时，几维鸟用长长的喙作为支点，以便保持平衡。它也用喙来戳地面，寻找美味的蠕虫和昆虫幼虫。和其他鸟类不同，它的鼻孔长在喙尖上。因此，它很容易闻到地面之下的猎物的气味！

几维鸟是新西兰的国鸟，在新西兰的邮票或雕像上可以找到它的身影。

在新西兰，这些标志提醒司机附近有几维鸟。

几维鸟的头相对较小，喙很长，且向下弯曲。几维鸟的喙长达15厘米。

你知道吗？

猕猴桃和几维鸟是不是长得有点像呢？新西兰人称猕猴桃为“奇异果”。这是因为几维鸟的名字“Kiwi”在新西兰当地语言中有“奇异”的意思。几维鸟也被译为奇异鸟。

动物小档案

几维鸟（鹬鸵）

栖息地：森林、草原、灌木丛

分布范围：新西兰

体长：可达45厘米

响尾蛇

当响尾蛇感觉受到威胁时，它的尾巴会发出怪异的“嘎嘎”声，这是一个警告——毕竟被它的毒牙咬一口，猎物就可能会送命。响尾蛇捕猎时，会静静地潜伏在隐蔽处，当猎物接近，它就立即窜出去，弹出毒牙咬住猎物。如果一颗牙齿在攻击中折断了，不久后就会长出一颗新的牙齿。响尾蛇会非常精准地控制毒液的剂量，因为产生毒液需要消耗很多能量。毒液一起效，它就会把猎物整个吞下。尽管响尾蛇拥有毒液这个武器，但它也有很多天敌，例如鹰、走鹃和王蛇。

你知道吗？

响尾蛇依靠颊窝追踪猎物。颊窝位于眼睛和鼻子之间，能感知到细微的热量差异。因此，它能通过猎物散发的热量感觉到猎物是否在附近。响尾蛇还会用舌头收集猎物的气味。

毒牙

对人类而言，响尾蛇的毒液是致命的。毒牙像又长又尖的针。

蛇皮

蛇皮的颜色取决于它所在的环境。

动物小档案

响尾蛇

栖息地：山地、高原、沙漠、荒漠、湿地

分布范围：北美洲、南美洲

体长：约2米

嘎嘎，嘎嘎

响尾蛇以每秒40至60次的频率摇动尾巴，发出“嘎嘎”的声音，它因此而得名。

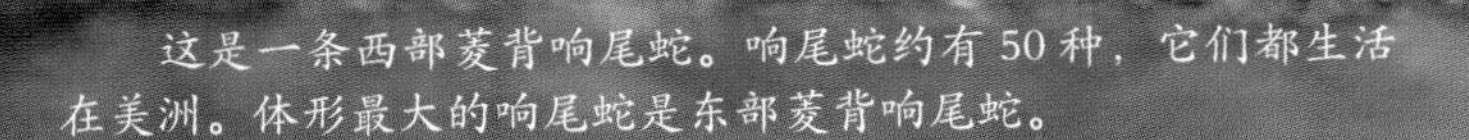

这是一条西部菱背响尾蛇。响尾蛇约有50种，它们都生活在美洲。体形最大的响尾蛇是东部菱背响尾蛇。

欧洲锄足蟾

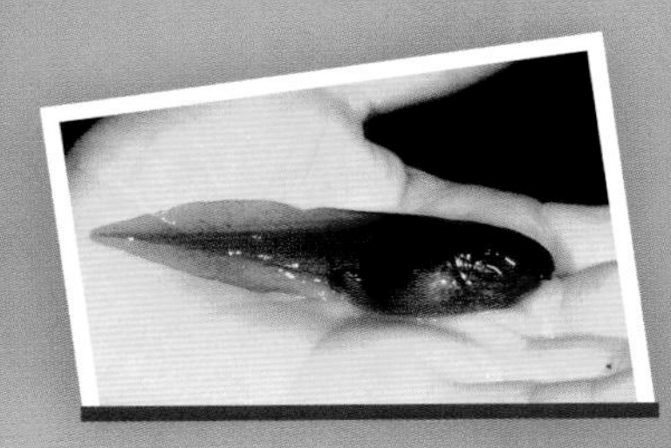

➜ 你知道吗？

欧洲锄足蟾蝌蚪的体形比较大，在特殊情况下可达22厘米！

欧洲锄足蟾最爱整天待在自己挖的土洞里。它后足的足底长有铲形凸出物，能用来灵活地挖掘泥土。它待在地下很安全，那里既不干燥，又能避开捕食者。只有到了夜晚，它才出来捕食昆虫。

在繁殖季，这种两栖动物会迁居到水中。找到配偶后，雌蛙便会在水中排出卵子，与此同时，雄蛙立即给卵子授精。1200 到 3400 枚黑褐色的蛙卵串成一大串，缠绕在植物的茎上。4 到 14 天后，蝌蚪便孵化出来了。

伪 装

这只漂亮的蟾蜍在地上毫不显眼。每只蟾蜍身上的图案都不一样。

挖洞能手

欧洲锄足蟾主要在夜间活动。白天时，它会依靠后足上坚硬的铲形凸出物挖洞，把自己埋起来。

动物小档案

欧洲锄足蟾

栖息地：沙丘、荒原

分布范围：中欧、东欧、西亚

体长：约8厘米

有趣的事实

臭死了！

当欧洲锄足蟾感到紧张时，会释放出一种味道很像大蒜的有毒分泌物。

瞳孔是竖直的

欧洲锄足蟾的皮肤上有许多斑点，皮肤很粗糙。

考拉

考拉的学名是树袋熊。考拉非常挑剔，这种喜欢在夜晚活动的桉树居民只吃桉树叶和嫩枝。桉树叶中含有一种毒素，考拉的胃能降解一部分毒素。

考拉幼仔在雌性考拉的育儿袋里长大。幼仔出生时全身光秃秃的，没有毛发，看不见东西，只有约 2 厘米大小。但它能自己爬进妈妈的育儿袋中，然后开始吮吸乳汁。幼仔慢慢长大，紧紧贴在育儿袋中。5 到 6 个月后，幼仔才第一次伸出头来。随后，它会越来越频繁地离开育儿袋，慢慢地学习吃桉树叶。

“瞌睡虫”

纪录

22 小时

考拉平均每天在树上睡22个小时。

你知道吗？

考拉会在树上乘凉。当天气很炎热时，它会坐在最粗的树枝上，环抱住树枝，或躺在树枝上。

攀爬大师

考拉是出色的攀爬者。但在地面上，它的动作相当笨拙。当幼仔长大一些时，考拉妈妈会经常背着它。

呼，这个小家伙越来越重了……

嗯，妈妈也越来越慢了……

动物小档案

考拉（树袋熊）

栖息地：森林

分布范围：澳大利亚东部

体长：60～70厘米

尽管它也被称为“熊”，但考拉是有袋类动物，不是熊类哦！

眼镜猴

眼镜猴的手指和脚趾上有吸盘。依靠这些吸盘，它在爬树时能粘在树上，不会从树上掉落。

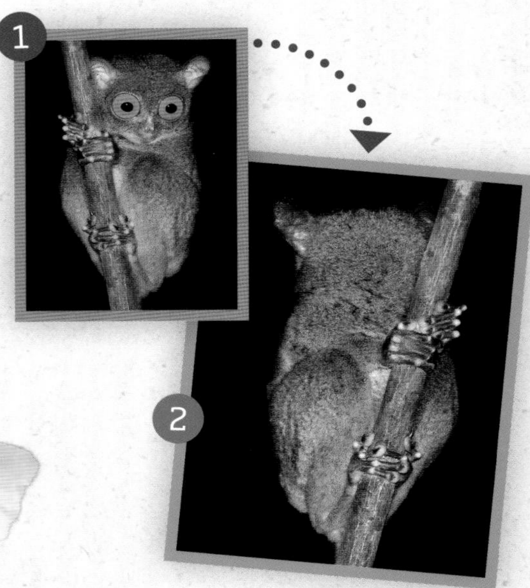

眼镜猴能大幅度地转动脖子。❶眼镜猴在往前看。❷眼镜猴在往后看。

依靠敏锐的听觉和那双巨大的、直视前方的眼睛，眼镜猴在热带雨林中的夜间生活可谓是如鱼得水。虽然它的眼睛几乎一动不动，但它短短的脖子能分别向左右旋转 180 度。它还能让耳朵分别独立转动，它甚至能听到蝙蝠扇动翅膀的声音！眼镜猴的腿很长，而且结实有力，能跳 2 米远。这种体形娇小的岛屿动物主要以昆虫为食，它会用手灵巧地捕捉昆虫。它通常待在距离地面不太高的树上，很少爬到 2 米以上的高度。眼镜猴也叫跗猴。

眼镜猴完全不适合当宠物。如果它们被抓住了，很快就会死去。

动物小档案

眼镜猴

栖息地：热带雨林

分布范围：东南亚的马来群岛

体长：体长可达20厘米，尾长可达27厘米

你知道吗？

眼镜猴是空中杂技演员。当它从一棵树跳到另一棵树上时，会垂直起跳。然后在空中转身，使后肢落在树干上。

蜂鸟

你知道吗?

镰嘴蜂鸟爱吃蝎尾蕉的花蜜，它能独享这份甜美的花蜜，因为只有它那弯曲的喙能伸进狭窄的花朵中。

精湛的表演

这只桂红蜂鸟悬停在空中，从倒挂金钟花中吮吸出花蜜。

好长好长

剑嘴蜂鸟的喙比它的身体躯干还要长。

蜂鸟是优雅的飞行艺术家。它不仅能向前飞行，还能侧向或倒退飞行，甚至能在空中悬停，因为它能极快地扇动灵活的翅膀，小型蜂鸟一秒钟能扇动 80 次翅膀！由于它飞行时会发出像蜜蜂一样的嗡嗡声，所以叫作蜂鸟。但蜂鸟的飞行方式需要耗费很多力气，因此它必须不断补充食物。它用长长的喙从花朵中吸食花蜜，它的喙也可以捕捉小昆虫。蜂鸟也很能吃，每天摄入的食物约为自身体重的 2 倍！

小艺术品

蜂鸟的巢穴仅由雌鸟来搭建，巢穴像一个小小的艺术品。

纪录

1.8 克

吸蜜蜂鸟的体重仅为1.8克，是世界上最轻的鸟。蜂鸟的卵只有豌豆般大小。

超级小

灰腹蜂鸟的卵和小硬币差不多大。

动物小档案

蜂 鸟

栖息地：热带雨林、热带季雨林、沙漠、高原

分布范围：北美洲、南美洲

体长：最大的蜂鸟巨蜂鸟体长23厘米

科莫多巨蜥

科莫多巨蜥不仅体形庞大，而且还有毒！这种巨型蜥蜴用锋利的牙齿撕咬猎物的同时，会释放出致命的毒液。它们能用这种方式杀死大型野生动物，例如鹿、野猪或水牛牛犊。但它们的菜单上也有小型哺乳动物和同类的幼蜥。科莫多巨蜥幼蜥为了不被吃掉，会爬到树上去，而成年的科莫多巨蜥则爬不上去。成年科莫多巨蜥在自然界中没有天敌，但现在由于栖息地日益缩小，这种动物已濒临灭绝。

动物小档案

科莫多巨蜥

栖息地： 草原、丛林

分布范围： 印度尼西亚的部分岛屿

体长： 约3米

科莫多巨蜥一顿最多能吃掉相当于其体重60% 的食物。

难以置信！

科莫多巨蜥很擅长游泳，在陆地上奔跑的速度也很快，可达 20 千米 / 时！

纪录

3.13米

一条成年科莫多巨蜥体长最长为3.13米，重达130千克。

眼镜王蛇

眼镜王蛇是世界上最长、最危险的毒蛇之一，它的体长可超过 5 米，它释放出的毒液足以杀死一头大象。当它感觉受到威胁时，就会挺直身体威慑对方。它的身体竖立起来时最高能达到 1.5 米，它会以闪电般的速度咬住猎物。但这种爬行动物相当害羞，更愿意避免发生危险的状况。只有当雌蛇要保护巢穴时，才会发起攻击。眼镜王蛇是少数会筑巢产卵的蛇类，它的巢穴由落叶筑成，眼镜王蛇一次能产 20 ~ 40 枚卵。

难以置信！

即使眼镜王蛇在捕猎时已经死了，它的下颌的肌肉可能还在抽搐，所以猎物还是会被它咬伤。因此，就算眼镜王蛇死了仍然能致命！

颈部的鳞片

遇到危险时，眼镜王蛇会抬起头，展开颈部细窄的鳞片，威慑敌人。

后代

刚孵化出的小蛇就已经有了牙齿和毒液，马上就能使用！

游泳

眼镜王蛇喜欢栖息在水边，它很擅长游泳。

你知道吗？

眼镜王蛇以捕食其他蛇类而闻名，就算这些蛇有毒，它们也照吃不误。

动物小档案

眼镜王蛇

栖息地：森林

分布范围：中国、东南亚、南亚

体长：3.3~5.6米

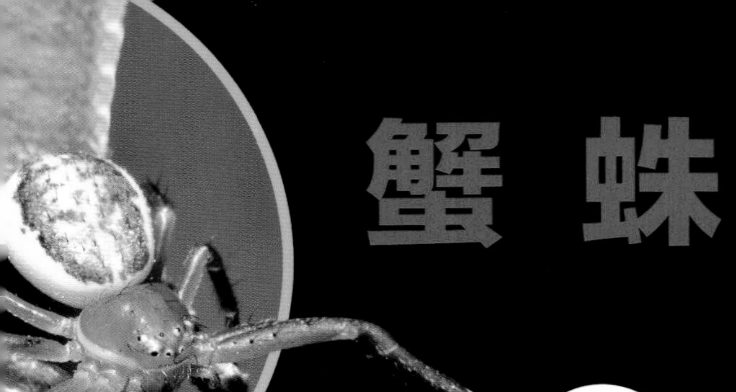

蟹蛛

蟹蛛经常潜伏在鲜花里。它们身上有剧毒的毒液，能杀死蜜蜂和飞蛾等昆虫。

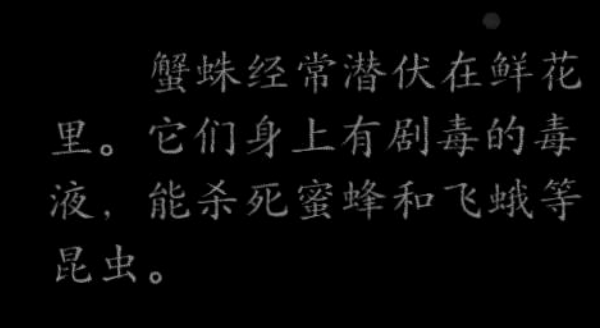

动物小档案

蟹 蛛

栖息地：森林、草地

分布范围：几乎全球陆地

体长：7~8毫米

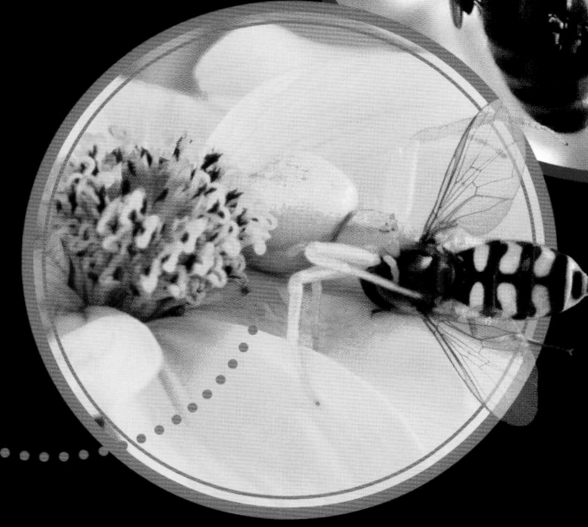

伪装得很好

蟹蛛常常将自己伪装起来，猎物和捕食者几乎都发现不了它。

你知道吗？

所有的蟹蛛都有两对长长的前肢。当蟹蛛待着不动时，这两对前肢略微收拢；当它爬行时，前肢就像蟹腿一样在两侧爬动。蟹蛛也能横行和倒退。

有些蟹蛛能变换颜色来伪装自己，以适应周围的环境。比较鲜艳的蟹蛛主要栖息在花朵和树叶上，颜色较深的则栖息在树干或地面附近。蟹蛛不会结网，而是埋伏着等待猎物的到来。那些外形与花朵极为相似的蟹蛛捕食蜜蜂，以及其他给花传粉的昆虫。它用长而有力的前肢抓住猎物，它还会小心地远离猎物的螯针！随后，蟹蛛就迅速咬住猎物，在其背部注射毒液。接着，它便开始享用已经瘫软的猎物。

好视力

蟹蛛的视力很好，视力对它而言非常重要，因为蟹蛛不会结网捕食，所以在捕猎时要密切关注猎物的动向。

伞蜥

伞蜥看起来像一条龙，至少它在危险时会扮成龙的样子——它张开嘴，露出牙齿，展开颈部皮膜，变成有威慑性的巨型蜥蜴，同时，它依靠后肢站立起来，拍打着尾巴，发出嘶嘶声。它看起来又大又危险，多数敌人都会迅速溜走。但它通常只是纹丝不动地趴在树上等待蜘蛛、蝗虫或其他昆虫。一旦它发现了什么，便会迅速从树枝上爬下来，逮住猎物。

难以置信！

伞蜥有一张超大的领圈，它的领圈由软骨支撑的皮膜构成。它是这样展开皮膜的：张大嘴巴，同时拉紧软骨上的肌肉。伞状薄膜不仅可以威慑敌人，还能用来与同类进行交流和保持体温。

动物小档案

伞蜥

栖息地：热带草原、热带雨林

分布范围：新几内亚南部、澳大利亚北部

体长：60～100厘米

伪装高手！

依靠灰褐色的皮肤和能够开合的领圈，伞蜥能很好地隐藏在它栖息的环境中。它的天敌，例如蛇或猛禽，几乎看不见坐在树枝上的它。

领圈收起时，隐藏于身体的褶皱中。

领圈上的色彩很丰富，这使伞蜥的外表具有很强的威慑效果。

大杜鹃

动物小档案

大杜鹃（布谷鸟）

栖息地：森林、树林

分布范围：亚洲、欧洲、非洲中部和南部

体长：26～34厘米

有趣的事实

布谷鸟自鸣钟

布谷鸟自鸣钟最初产自德国的黑森林地区。每到半点和整点，钟上方的小木门就会自动打开，一只布谷鸟弹出来，发出“布谷布谷”的叫声。布谷鸟自鸣钟至今仍是德国的热门出口商品。

人们能通过“布谷布谷”的鸣叫声来识别大杜鹃，它也叫布谷鸟。但由于大杜鹃非常害羞，人们很少能见到它。它是独行动物，只在繁殖季寻找伴侣。大杜鹃也不会自己照顾后代。雌鸟会飞进其他鸟类的巢里，把其他鸟的卵从巢里扔出去，把自己的卵产下来，然后就飞走了。原本的鸟父母会以为这是它们的卵，于是就孵化了大杜鹃的卵。大杜鹃雏鸟孵化出来后，如果巢中还有其他雏鸟，大杜鹃雏鸟就会把它们从巢里挤出去。这样它就摆脱了食物上的竞争者，之后会依靠养父母喂养，直到它羽翼丰满，能独立生活。

大杜鹃产下的卵总是能与所占鸟巢的卵非常相像，只有卵的大小会泄露天机！这种欺诈行为一旦被养父母识破，养父母便会把大杜鹃的卵扔出巢穴，或者立刻抛弃所有的卵。

难以置信！

大杜鹃是一种候鸟，很多大杜鹃迁徙飞行的单程距离就有8000 千米至 12000 千米。

河 鲀

河鲀有一个简单但有效的阻止捕食者的技能：给自己吹气！它们将大量的水或空气迅速挤压进胃部，将胃和身体胀大，平时紧紧收拢在一起的毒刺也会随之竖起来。即使是体形较大的食肉性鱼类，也无法吞下这个“多刺的气球”。此外，当它感觉受到威胁时，这种平时相当害羞的鱼也会用力咬住对方。尽管河鲀游得很慢，但它非常灵活，甚至能倒退着游，这样它就能轻松地在蜿蜒曲折的珊瑚礁间穿行。

瓦氏尖鼻鲀的颜色特别丰富。

动物小档案

河 鲀

栖息地：海洋、珊瑚礁

分布范围：热带和温带海域

体长：通常不超过50厘米

坚硬的牙齿

河鲀的牙齿坚硬有力，能咬碎螃蟹和贝类的外壳。

如果我感觉受到威胁，能把自己膨胀到平时体形的 3 倍！

难以置信！

河鲀味道鲜美，但内脏具有剧毒，美食家品尝河鲀后丧命的事情屡见不鲜。河鲀只有经过妥善处理后才能食用。

三带犰狳

铠甲球

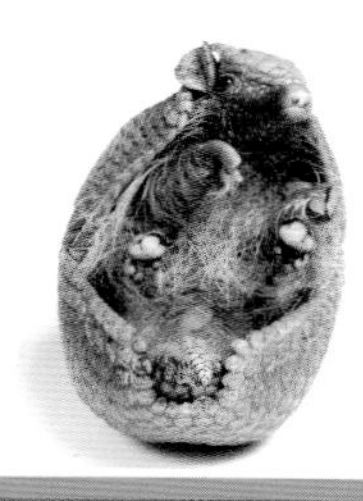

缩成一个球

一旦遇到危险，三带犰狳便会蜷缩起来。当危险过去时，它才会慢慢展开铠甲并继续前行。

➜ 你知道吗？

犰狳唯一的天敌是人类。人们因垂涎其肉质而猎杀这种动物，导致野生犰狳的数量在减少。

三带犰狳进化出了一套完美的自我保护方法：一旦感觉到有危险，它便会蜷缩成一个披着铠甲的圆球。它能将四肢缩进坚硬的铠甲下面，再弯曲头部和尾板，这个球就紧紧地闭合起来了。这样就没有捕食者能伤害它！

在夜晚，犰狳通常独自行动，不过也有几只犰狳共享一个巢穴睡觉的情况。犰狳最爱吃蚂蚁或白蚁等昆虫，它会伸出黏稠的舌头来舔食它们。依靠强壮的爪子，犰狳能从地里挖掘出美味佳肴，甚至能捣毁蚂蚁或白蚁的巢穴。

难以置信！

尽管犰狳又矮又壮，但它们能快速奔跑，还能跳跃，甚至游泳！

动物小档案

三带犰狳

栖息地：草原、森林

分布范围：南美洲中部

体长：约30厘米

三带犰狳的铠甲分三部分，前后两部分的鳞甲不能收缩，中间的鳞甲可以自由伸缩。

琴鸟

动物小档案

琴鸟

栖息地： 森林

分布范围： 澳大利亚东部和南部

体长： 约1米

难以置信！

著名纪录片导演大卫·爱登堡曾拍摄到琴鸟的影像，这种鸟能惟妙惟肖地模仿摄像机工作时发出的咔嗒声。

求偶季节

琴鸟雄鸟有着蕾丝一样的长羽，为了博取雌鸟的注意，雄鸟会扇动它的羽毛，变出美丽的华盖。

琴鸟是鸟类中的配音家，它会模仿它听到的各种声音，它还能惟妙惟肖地模仿其他鸟类的鸣叫。这种害羞的鸟儿通常待在地面上，用爪子在土里挖虫子吃。雄鸟拖着长长的尾羽。在求偶时，雄鸟会像孔雀一样展开尾巴，一边吟唱特别的歌曲，一边踏着复杂的舞步翩翩起舞，通过这种方式给雌鸟留下深刻的印象。由于跳得最好的舞者机会最多，所以雄鸟经常年复一年地练习舞步！

你知道吗？

这种鸟之所以叫“琴鸟”，并非因为它的鸣叫声像里拉琴的声音，而是因为雄鸟翘起的尾羽很像这种乐器。

孵卵

琴鸟将巢穴建在地面上、枝丫间或树桩上。雌鸟产卵后独自照顾雏鸟。

湾鳄

湾鳄漂浮在水里捕食猎物。当猎物靠近时，湾鳄首先会完全潜入水中，在水下加速前进。然后，它会突然露出水面，抓住受惊的猎物并将其拉到水下，使其窒息。不过，这个危险的捕食者在饱餐一顿后，也能将近一年不吃不喝，仅靠身体里储存的脂肪生存。

雌湾鳄是非常有爱心的母亲。它每次产下 20 到 90 枚卵，它会为这些卵搭建一个由植物和泥土造就的巢穴。雌湾鳄守护着巢穴，直到小鳄鱼孵化出来。然后，雌湾鳄会小心地将它们带到水里。

纪录

10米

在特殊情况下，湾鳄的体长最长达10米，预期寿命能超过100岁。

动物小档案

湾 鳄

栖息地： 河流、沼泽、浅海

分布范围： 南亚、东南亚、大洋洲北部

体长： 4~7米

1. 湾鳄是变温动物。
2. 它们约有 30 颗牙齿。如果牙齿脱落了，还能长出替换的新牙。
3. 依靠大大的眼睛，即使在黑暗中它们也能看清猎物。

你知道吗？

湾鳄无法咀嚼食物，因为它只能活动上颌。因此，遇到特别厚实的食物，它只能整块吞下，不过，依靠强劲的胃酸，它可以消化一切吞下的食物。

萤火虫

动物小档案

萤火虫

栖息地：森林、草地

分布范围：热带、亚热带和温带陆地

体长：1~2厘米

难以置信!

一些种类的雄性萤火虫能够在一起同步闪烁。整个草地或树林同时一闪一闪，十分美丽。

闪闪发光

一些种类的雌性萤火虫和雄性萤火虫都会闪烁发光，它们的幼虫也有发光器官。成虫的发光器官位于腹部末端。

不会飞

有些种类的雌性萤火虫不会飞，它会在夜晚爬上草叶并开始闪烁，用这种方式将自己的位置告知雄性萤火虫。

在温暖的夏夜，萤火虫会一闪一闪地寻找伴侣。闪烁的光芒有助于博取异性的注意。有些种类的萤火虫，只有雌虫或雄虫会发光，而另一些种类的萤火虫，雌虫与雄虫都有发光器官。萤火虫靠其体内的生物化学反应来发光。萤火虫体内的萤光素与萤光素酶、氧一起发生作用，产生绿色的微光。但这种光几乎没有热度，因为95%的能量以光的形式释放掉了，几乎没有能量以热的形式释放出来。

你知道吗?

萤火虫幼虫主要以蛞蝓和带壳蜗牛为食。有些种类的萤火虫幼虫有毒，能使吃它的捕食者死亡。

萤火虫幼虫

懒 熊

与其他种类的熊不同，懒熊的吻部特别长，而且异常灵活，非常适合吸食蚂蚁和白蚁。它用强壮的爪子刨开白蚁丘，然后将吻部伸进去。接着，它就开始像吸尘器一样吸食这些昆虫！它的上颌只有 4 颗门牙，这样食物就能更容易地落进嘴里。除了昆虫以外，水果和蜂蜜也在它的菜单上。这个毛茸茸的独行动物会灵活地爬到树上去寻找蜂巢，它的爪子非常适合爬树！

懒熊有一身蓬松的皮毛，这能帮它抵御热带的高温。

皮毛图案

懒熊的胸部有一个白色的“V”字形花纹。

长长的吻部

懒熊有一个浅色的、长长的吻部，也就是它的鼻部和唇部。

攀爬高手

像新月一样弯曲的爪子特别适合攀爬。

你知道吗？

懒熊生活在热带地区，所以这种熊不用冬眠。起初人们发现这种熊时，它像树懒一样倒挂在树上，于是被称为“懒熊”。其实懒熊的奔跑速度很快，擅长爬树。懒熊性情变化无常，甚至能吓走老虎。

动物小档案

懒 熊

栖息地：森林、草原

分布范围：南亚

体长：可达1.9米

狮 子

只有强者才会成为狮群的守卫

只有最强大的雄狮才能成为狮群的守卫，但这个位置的竞争非常激烈，年轻强壮的外来雄狮会一次又一次地挑战狮群中强大的雄狮。狮群中的雄狮通常几年后就得离开狮群，新的年轻雄狮会加入狮群。

后 代

幼狮会和母亲一起待两年左右。

动物小档案

狮 子

栖息地： 沙漠、荒漠、草原

分布范围： 非洲、南亚

体长： 雄狮可达3米

一群狮子懒洋洋地躺在树荫下，它们每天有很长的时间都在睡觉或者打瞌睡。狮群中通常有50只以内的狮子，由雌狮统领，雄狮通常只有一两只。雄狮负责保障狮群安全，它执行巡逻，将入侵者赶出领地。雌狮负责照顾后代、猎食、保卫和扩张领地。雌狮们会一起出去捕猎，它们小心翼翼地将猎物包围，然后突然发动攻击。年轻雄狮在鬃毛还未长出时会学习捕猎，成年后也会在隐蔽的地方捕猎以及在夜间捕猎。捕猎大型猎物时，雌狮与雄狮会一起捕猎。

捕猎中

在捕猎过程中，狮子必须悄悄靠近猎物，因为猎物通常会跑得更快、更持久，这样就有可能逃脱狮子的追捕。

你知道吗？

约5岁时，雄狮的鬃毛才基本成型。

雌狮在捕猎

鸳 鸯

鸳鸯最早生活在东亚。因为它们有华丽的羽毛，所以也被带到了欧洲。在繁殖季，雄鸟会换上一身五颜六色的艳丽羽毛，它这样装扮自己是为了求偶。相反，雌鸟则披着一身毫不起眼的灰褐色羽毛。人们也可以通过它们的喙来区分雌雄：雄鸟的喙是红色的，而雌鸟的喙则是灰褐色的。交配后，雌鸟最多产下 12 枚卵。雏鸟孵化出来后，雌鸟就会领着它们去觅食，告诉它们在哪儿能捕食到水生昆虫、蠕虫，以及能吃植物的哪些部位。

雌鸟

雄鸟

你知道吗？

鸳鸯在树洞里筑巢，这对鸭科动物而言是不同寻常的，多数鸭科动物在陆地上筑巢。

后代

雌鸟负责孵卵。雏鸟破壳的几个小时后就能下水游泳了。

动物小档案

鸳 鸯

栖息地：森林、湿地、河流

分布范围：欧洲西北部、东亚

体长：40～45厘米

爪 子

鸳鸯有一双锋利的爪子，它在上树时能靠爪子牢牢抓住树干。

山魈

色彩鲜艳的脸部和淡紫色的臀部令这种大型猴科动物看起来非常独特。山魈是一种群居动物，一个族群通常由几只至50余只组成，有时，几个山魈族群会合并成一个更大的族群。这些山魈会在自己的领地里觅食。山魈大部分时间都待在地上，有时也会爬到树上收集食物。作为杂食动物，山魈不仅吃水果和种子，还吃蘑菇、树叶、根，以及昆虫、青蛙、蜥蜴等小型动物。

越丰富多彩越好

族群中地位最高的那只雄性山魈，它的面部和臀部的颜色最鲜亮。雌性山魈身上的颜色比较浅。

由于栖息地遭到破坏，山魈正变得越来越罕见。

动物小档案

山魈

栖息地： 热带雨林

分布范围： 非洲中西部

体长： 61～81厘米

后代

幼仔刚出生时脸上的颜色很浅，后来会慢慢变深。

你知道吗？

只有在感觉受到威胁时，山魈才会露出可怕的牙齿。这些牙齿长达6.5厘米！

鼹鼠

鼹鼠是一位不知疲倦的挖掘工。它不断用形似铁铲的前爪挖掘新的隧道，用隧道连接巢穴和储藏室。它用头将多余的泥土推到地面，形成一个个小土堆。它还在这些鼹鼠丘上挖了换气口，为四通八达的地下隧道引入新鲜空气。

鼹鼠是纯粹的食肉动物，以蚯蚓为食，会将蚯蚓储存在储藏室里，为越冬做准备，它还会食用昆虫和蠕虫。它依靠灵敏的触觉、嗅觉及出色的听觉来捕食猎物。因此，当有虫子掉进隧道时，它就算离得很远也能听到！

你知道吗？

绝大部分的鼹鼠都在地下挖洞，过着穴居的生活。有时你会看见地表有土层隆起，那可能就是鼹鼠的家。或者你会看到地表有小土堆，那可能就通往地下深处鼹鼠的家。

鼹鼠建造的隧道系统能保持洞内通风和土壤疏松。

地下通道

动物小档案

鼹 鼠

栖息地： 温带森林、草原、半沙漠

分布范围： 亚洲、欧洲、北美洲

体长： 约10厘米

眼 睛

鼹鼠的眼睛已经退化了，看不见东西。大部分时间它们都在地下度过，不需要用到眼睛。

挖掘铲

依靠铲形的前爪，鼹鼠能在地面上移动比自己高很多、重很多的物体。

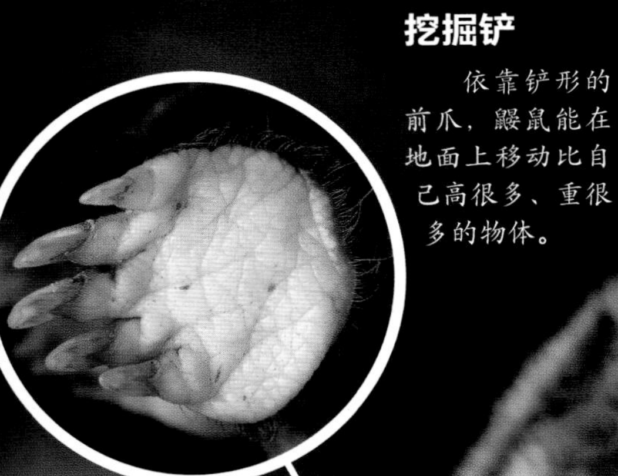

触 觉

鼹鼠鼻子上的触须能感知到很轻微的颤动。

鼹鼠是独行动物，不过几个鼹鼠可共用一个巨大而复杂的隧道系统。

海鬣蜥

正在潜水的海鬣蜥

难以置信！

海鬣蜥能在 15 米深的水中潜水 1 小时！海鬣蜥以石头上的藻类为食。

动物小档案

海鬣蜥

栖息地：海岸、海边悬崖、海洋

分布范围：科隆群岛

体长：最长可达1.5米

海鬣蜥背上的刺参差不齐，腿又短又粗，牙齿尖尖的，看起来像史前动物。它是唯一一种能在海里觅食的蜥蜴。成年海鬣蜥通常在涨潮时潜入海中，去水下寻找藻类。它们的爪子锋利且有力，能将自己固定在岩石上。幼年海鬣蜥通常在退潮时去觅食。

和所有爬行动物一样，海鬣蜥是变温动物，其体温随环境温度的改变而变化。因此，登陆后它们会躺在石头上晒日光浴，让体温升高。深色的皮肤能帮它们尽快地吸收热量。

多余的盐分

海鬣蜥有一个和鼻孔相连的特殊的腺体，能分离和储存随海水吸入的盐分。当它打喷嚏时，便喷出含盐的水雾。含盐水雾落在海鬣蜥的头上，变干之后便会形成一层盐壳。

你知道吗？

由于适合产卵的地方不多，雌性海鬣蜥有时会为争抢地盘而大打出手。这场争斗可能会很血腥。

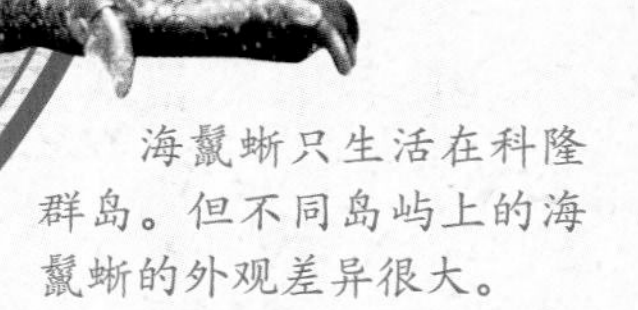

海鬣蜥只生活在科隆群岛。但不同岛屿上的海鬣蜥的外观差异很大。

翻车鲀

翻车鲀的学名是“*Mola mola*”，意思是“石磨”。这个名字既符合它圆滚滚的外形，也符合它惊人的重量！它没有真正的尾鳍，取而代之的是背鳍和部分臀鳍形成的舵鳍。翻车鲀喜欢逗留在海面附近，有时会侧躺着漂浮在海面上——但研究人员还不清楚它为何会这么做。翻车鲀无法闭嘴，颌骨在前端融合成喙状，可以用来咬碎甲壳动物、贝类等食物。但它主要以小型鱼类、幼鱼、鱿鱼和甲壳动物为食。

高达4米

请微笑！

这位潜水员正用摄像机拍摄一只巨大的翻车鲀。在翻车鲀的对比下，潜水员看起来十分娇小。

纪录

2.7吨

翻车鲀体重可达2.7吨，相当于2辆小轿车那么重！这使它成为世界上最重的硬骨鱼。

动物小档案

翻车鲀

栖息地：大洋

分布范围：热带、亚热带和温带海域

体长：最大可达3.3米

难以置信！

雌性翻车鲀一次最多产下3亿枚卵，是世界上产卵最多的鱼。但幼体存活率极低，只有千万分之一。

迷路了

偶尔会有一两只小翻车鲀游进波罗的海。但由于冬季食物匮乏，它在那里没有生存下来的机会。

旱獭

旱獭又叫“土拨鼠”，是松鼠科中体形最大的动物。旱獭的四肢短粗，前肢有强壮的爪，擅长挖洞。它们会在地下挖掘出长长的分岔式隧道，隧道长度可达百米。白天，它们会离开洞穴，待在地面上啃食禾本科、莎草科及豆科等植物。它们不太善于攀爬。为了观察四周是否有敌人，它们会挺直身子，专心地查看周围的环境。如果遇到危险，它们会发出尖叫声以警示其他同伴。

开始冬眠前，旱獭会收集干燥的植物，用来填充洞穴。

旱獭是啮齿动物。它的门牙会一直处于生长状态。因此，为了磨牙，它们总是要啃很多东西。

动物小档案

旱　獭

栖息地：草原、旷野、岩地、高原

分布范围：亚欧大陆、北美洲

体长：37~63厘米

你知道吗?

多数旱獭生活在大家庭里！例如一群阿尔卑斯旱獭最多可达20只。一个旱獭家族一般由一对旱獭夫妇及其后代组成。

难以置信!

冬季，旱獭会在地下的洞穴里冬眠，通常旱獭全家都睡在一个洞穴里!

长鼻猴

小心，有鳄鱼！

在水中，长鼻猴要随时提防鳄鱼，因为它们在鳄鱼的菜单上。

雄性长鼻猴的鼻子比较大，至少就嗅觉器官的正常大小而言显得相当大；雌性长鼻猴的鼻子则相对小一些。雄性长鼻猴的大鼻子形状有点像茄子。人们猜测，雄猴的鼻子越大，对雌猴就越有吸引力。长鼻猴喜欢群居，以水果、树叶和种子等为食。它们栖息在森林中的水源附近，擅长游泳，可以直接从树枝上跳到清凉的水里。它们能潜水游 20 米远，因此被看作是猴子中的游泳健将。

一只强壮的雄性长鼻猴正在侦察周围的情况。

动物小档案

长鼻猴

栖息地：红树林、沼泽、河畔森林

分布范围：东南亚加里曼丹岛

体长：雄猴约72厘米，雌猴约60厘米

雌性长鼻猴

猴宝宝

长鼻猴的幼仔出生时，脸是蓝色的。当它们成年后，脸才会变成粉色。

呜啊啊啊——

濒临灭绝

长鼻猴没有多少天敌。但不幸的是，它们仍濒临灭绝，因为人类让它们的栖息地一再缩小。

你知道吗？

长鼻猴的肚子很大，里面有袋状的胃。胃里有多种微生物，能帮助它们消化含有大量纤维素的植物叶子。

红背伯劳

红背伯劳为伯劳科鸣禽。它依靠结实的钩状喙捕食昆虫，但也会抓小鸟和老鼠。为了将猎物储存起来或便于分割，它通常把猎物穿在荆棘或尖尖的树枝上。进食前，它通常会先肢解猎物，卸下昆虫的腿部和触角，或拆掉蜜蜂的毒刺。人们很容易识别雄性红背伯劳，它们有黑色的眼圈、深灰色的头部和栗红色的背部。雌鸟则披着一身不起眼的褐色羽毛。这种动物通常把巢穴安置在离地面 1 ~ 2 米高的灌木丛中。

动物小档案

红背伯劳

栖息地：林间空地、森林边缘、河边树丛、灌木丛

分布范围：亚洲、欧洲

体长：约17厘米

刺穿

红背伯劳的菜单上有甲虫、蝗虫，还有小田鼠和小鸟。

你知道吗？

红背伯劳的德语名“Neuntöter”是德国民间传说中一个吸血鬼的名字，直译为中文就是“杀死9人的凶手”。这听起来很残忍。因为过去人们错误地认为，在红背伯劳开始吃东西之前，会先刺穿9只猎物。

后代

许多红背伯劳雏鸟会因为失去亲鸟的庇护而成为捕食者的盘中餐。

你快来看看啊!

红背伯劳喜欢在低山丘陵和山脚平原地带的灌木丛中筑巢。

鸟巢

红背伯劳是候鸟，冬天迁往热带地区。

负鼠

所有的幼仔都想爬上去！当幼仔长大一些，负鼠妈妈会把它们驮在背上。

动物小档案

负鼠

栖息地：农田、森林、河岸

分布范围：南美洲热带地区

体长：约26厘米

人们发现了7000万年前的负鼠化石，因此，负鼠被称为地球上的生物活化石之一——它们在地球上长期以来几乎没有变化。负鼠白天通常躲藏在洞穴里，夜晚出来觅食。负鼠是杂食动物，以昆虫、蜗牛以及水果、谷物和其他植物为食。负鼠通常独来独往，只有到了交配期才会寻找伴侣。怀孕十几天后，雌性负鼠就会生下幼仔，幼仔出生后会爬进负鼠妈妈的育儿袋里继续成长。

你知道吗？

负鼠对蛇毒免疫！除了蛇毒外，负鼠还对其他多种毒素有免疫力。蝎子、有毒植物和细菌的毒素都无法伤害它。

攀爬能手

负鼠非常善于攀爬，它们会用爪子和尾巴牢牢抓住树枝。

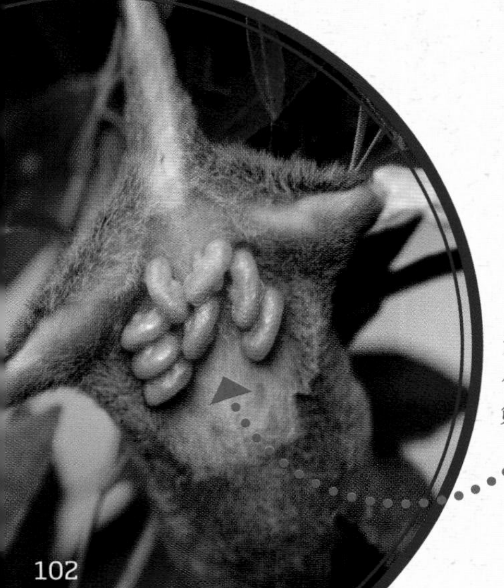

育儿袋

负鼠一次能生大约20只幼仔。幼仔刚出生时只有1～2厘米大小！它们在育儿袋里吮吸负鼠妈妈的乳汁。

难以置信！

遇到危险时，负鼠还有装死的绝招！它们会立即躺倒在地，目光凝滞；或者闭上眼睛，吐出舌头。

红毛猩猩

食 物

红毛猩猩食用水果、树叶和树枝。它们一天中的大部分时间都忙于进食。

红毛猩猩栖息在加里曼丹岛和苏门答腊岛的雨林中。它的名字在马来语中的意思是“森林中的人”。这种害羞的动物是体形最大的树栖哺乳动物之一。它们蓬松的毛具有很好的防潮功能：雨水顺着毛流下，能使皮肤保持干燥。它们通常独自在林中漫步，但雌猩猩和其幼仔之间的关系非常亲密。在出生后的头几个月里，幼仔会紧贴着母亲的腹部，由雌猩猩抱着、喂食，并与雌猩猩一起睡在巢里。约两年后，幼仔将学会攀爬、筑巢和生存所需的一切技能。到 7 岁时，这些幼仔才会离开雌猩猩，独自生活！

动物小档案

红毛猩猩

栖息地：热带雨林

分布范围：加里曼丹岛、苏门答腊岛

体长：可达1.4米

雄猩猩

年长的雄猩猩有宽大的脸盘，并且脸盘会随着它们年龄的增长而变得越来越大。

雌猩猩

雌猩猩则没有那么宽大的脸盘，因此雄雌猩猩看起来非常不一样。

知识加油站

▶ 红毛猩猩大部分时间都栖息在树上。它们靠长长的手臂和灵活的手脚，从一个树枝攀爬到另一个树枝上。夜晚，它们会在树冠处搭建一个精巧的巢，在那里安全地过夜。

虎 猫

动物小档案

虎 猫

栖息地：热带雨林、草原、灌木林

分布范围：美国西南部到南美洲

体长：70～90厘米

虎猫的栖息地正在受到威胁。

和多数猫科动物一样，虎猫喜欢独来独往。夜晚，它在自己的领地上活动，主要捕食小型啮齿动物、爬行动物和鸟类。在极少数情况下，它也会捕食体形较大的动物，例如浣熊或树懒。虎猫一晚上的行走距离可达8千米。它有强烈的领地意识，会用尿液、粪便和树干上的划痕来标记自己的领地，严禁同类入侵。只有在繁殖季节，虎猫才会聚在一起。由于其独特的皮毛，虎猫过去很长一段时间遭到人类大规模捕杀。如今，虎猫已被很多国家和地区列为保护动物。

你知道吗？

虎猫非常善于攀爬。虎猫白天睡在树上，夜晚会来到地面上捕猎。

夜行捕食者

虎猫有一身柔软且非常引人注目的皮毛。

椰子蟹

椰子蟹是体形最大的陆生蟹，属于陆寄居蟹科。椰子蟹具有粗壮的足，左螯比右螯稍大。用这对螯，成年椰子蟹不仅能打开坚硬的椰子，还能举起重物！如果在地面上找不到足够的食物，椰子蟹就会敏捷地爬上树干，直接从树上采摘水果吃。椰子蟹生活在陆地上，但幼蟹在水中长大。雌性椰子蟹在产卵时会回到水中，幼蟹从卵中孵化出来约7周之后，便会到陆地生活。

椰子蟹能用它那强壮的螯撬开椰子，它的名字真是没叫错！

你知道吗？

椰子蟹非常善于攀爬。爬上20米高的椰子树对它而言轻而易举。除了椰子，动物的尸体、海鸟等也在椰子蟹的菜单上。

攀爬能手

动物小档案

椰子蟹

栖息地：海边的树林中和石头下，珊瑚礁

分布范围：印度洋和太平洋的热带岛屿

体长：约32厘米

螯

椰子蟹还会把自己的螯当作水杯：喝水时，它将螯浸在水里，然后再送到嘴边。

鳃

椰子蟹有鳃，鳃室的内壁密布血管，可以帮助它们在陆地上呼吸。

纪录

1米

椰子蟹的腿部跨度达1米。因此，它是体形最大的陆生甲壳动物。

犰狳环尾蜥

犰狳环尾蜥喜欢群居！群体数量可达 60 只。它们栖息在岩石的缝隙中。像所有爬行动物一样，它们是变温动物。这意味着它们的体温不像哺乳动物那样总是保持恒定，而是随着环境温度的变化而变化。因此，它们喜欢晒日光浴来取暖。犰狳环尾蜥从头部到尾部都覆盖着尖锐的鳞片，仿佛穿了一身铠甲。犰狳环尾蜥移动的速度非常缓慢，很难逃离捕食者的追捕。但它们有强壮的下颌，能在争斗中狠狠地咬伤对方。

有趣的事实

防御小技巧

当犰狳环尾蜥受到威胁时，它会采取一种独特的防御措施：咬住自己的尾巴，使自己蜷成一个带刺的圆环，来保护其脆弱的腹部。如果这一切都没用，它甚至能抛弃自己的尾巴。

危险的鳞片

犰狳环尾蜥的鳞片带刺，非常尖锐。它的整个身躯都覆盖着鳞片。

取暖

犰狳环尾蜥从岩石缝隙中钻出来晒日光浴。

动物小档案

犰狳环尾蜥

栖息地：岩地、半沙漠、丛林

分布范围：非洲

体长：约20厘米

脆弱的腹部

比起覆盖着坚硬鳞片的身体其他部位，犰狳环尾蜥的腹部则较为柔软脆弱。

独角犀

动物小档案

独角犀

栖息地：草原

分布范围：印度、尼泊尔、不丹

体长：约3.8米

独角犀是独居动物。人们只能在繁殖季看到它们结伴而行，或者能看到雌性独角犀和幼仔在一起。

➜ 你知道吗？

犀牛角主要由角蛋白等构成，角蛋白也存在于人类的头发和指甲中。

独角犀的皮肤就像它的甲胄，厚达2厘米，皮肤表面布满褶皱。雄性独角犀体重可达2000千克。独角犀鼻子上有一根犀角，但它主要使用锋利的门牙来御敌。因此，全副武装的它几乎没有天敌。这种强壮的动物以草、树叶、水生植物等为食。为了维持庞大的身躯所需的能量，它每天都要吃很多食物！独角犀喜欢在泥潭里打滚，这样能防止被蚊虫叮咬，还能保持身体凉爽。为了标记自己的领地，独角犀会将自己的粪便排在领地边缘，长期堆积下来，那里很可能会出现一个大粪堆！

甲胄

独角犀的皮肤有深深的褶皱，褶皱中间的皮肤十分柔嫩，容易遭到蚊虫叮咬。

角

独角犀的角最长可达60厘米，但它们刚出生时是没有角的。

独角犀喜欢游泳，它们甚至还会潜水。

北极海鹦

当北极海鹦捕鱼时，它会一头扎进海里，潜入水中寻找猎物。在水下，它靠短短的翅膀拨水游动。

北极海鹦通常会立即吃掉猎物，但如果要哺育后代，它就会将捕到的小鱼带回去。它会用舌头将小鱼牢牢地压在布满钩状刺的上喙，这样一来，当它捕食下一条鱼时，嘴里的鱼就不会滑出去了！随后，它含着美味的小鱼返回巢穴，巢穴多位于悬崖峭壁上的洞穴里。

巢 穴

北极海鹦会挖掘深达 1 米的洞穴来繁殖产卵。有时它们也会把巢筑在废弃的兔子洞里。

顶级潜水员

北极海鹦能潜入水下 60 米的深处捕鱼。

你知道吗？

北极海鹦喜欢群居，当其他海鸟入侵它们的领地时，北极海鹦就会“群起而攻之”，使其知难而退。

有趣的事实

彩色的鸟

因其有趣的外表，人们也将北极海鹦称为“海洋小丑”。

动物小档案

北极海鹦

栖息地：海岸、海岛、悬崖峭壁、海洋

分布范围：北极地区

体长：约30厘米

鹦嘴鱼

五颜六色的鹦嘴鱼栖息在珊瑚礁间。它们一生中不仅能改变颜色，还能改变性别。幼鱼与雄鱼、雌鱼的颜色都不一样。此外，鹦嘴鱼的嘴很特别，其形状会让人联想到鹦鹉的喙。鹦嘴鱼以附生在珊瑚上的藻类为食。它们在啃咬珊瑚时，会产生"咯吱咯吱"的声音，潜水员隔着几米远都能听到这种声响。它们会把藻类和珊瑚一同咬碎吞下，然后把研碎的难以消化的珊瑚钙质颗粒排出体外，形成一片"白沙烟云"。

胃里好像有什么很沉的东西，这些珊瑚……

鹦嘴鱼能抑制藻类的生长，保护珊瑚礁。如果这种鱼的生存受到威胁，也会对珊瑚礁产生不良影响。

难以置信！

那些热带岛屿上的美丽白沙滩，其大部分沙子来源于鹦嘴鱼的排泄物。细白的沙子其实就是经鹦嘴鱼研磨后的珊瑚，鹦嘴鱼无法消化，便将其排出。

有趣的事实

滑溜溜的睡衣

当鹦嘴鱼睡觉时，它们的嘴会吐出黏液把自己包裹起来，就像穿了一件睡衣。研究人员推测，这样可以将鹦嘴鱼的气味隐藏起来，避免被天敌发现。

鹦嘴鱼的板状牙齿，犹如鹦鹉的喙。

动物小档案

鹦嘴鱼

栖息地：珊瑚礁和岩石间

分布范围：热带海域

体长：30～50厘米

孔雀

眼状斑
雄孔雀华丽的尾屏上，有类似眼睛的图案。

知识加油站

▶ 只有雄孔雀才有如此华丽的尾屏。雌孔雀则没有尾屏，身上的羽毛也是毫不起眼的灰褐色。

孔雀是印度的国鸟，备受珍视。

这只雄孔雀正迈着长腿在草地上行走。绚烂的蓝色脖子、长达 1.5 米的尾上覆羽、头上的羽冠，使它看起来像一位国王。孔雀这种群居动物通常生活在一个由 1 只雄孔雀和最多 5 只雌孔雀组成的小规模家族中。尽管孔雀的体形较大，雄孔雀还拖着长长的尾巴，但这种鸟会飞——虽然飞得既不高也不远。孔雀总是在同一棵树上过夜。如果遇到危险，它会大声鸣叫来发出警告，然后躲藏起来。

迟来的美

约 3 岁时，雄孔雀才长出华丽的羽毛。

你知道吗？

当雄孔雀想要吸引雌孔雀的注意时，就会把尾羽展开，像打开了一把绚丽夺目的大羽扇。平时，它会将尾羽收拢拖在身后。

动物小档案

孔雀

栖息地：森林、草原

分布范围：中国、南亚、东南亚

体长：约2米

孔雀跳蛛

孔雀跳蛛是蜘蛛目跳蛛科的一员，它不会结网捕猎，而是通过跳跃突袭来捕猎。雄性孔雀跳蛛不仅色彩亮丽如孔雀羽毛，还会像孔雀一样开屏——它在雌性孔雀跳蛛面前高高抬起腹部，一边展示绚丽的图案，一边跳求爱舞蹈。但这是一个相当危险的行为，因为引人注目的外表不仅会吸引雌性孔雀跳蛛，还会引起捕食者的注意。

危险的交配

对于雄性蜘蛛而言，交配是一件极危险的事，因为雌性蜘蛛在交配后可能会吃掉伴侣。

你知道吗？

过去，人们甚至认为孔雀跳蛛会飞，但这不是真的——它们只是善于跳跃。

动物小档案

孔雀跳蛛

栖息地：森林、山区

分布范围：澳大利亚

体长：约6毫米

命名由来

和孔雀一样色彩艳丽，又会“开屏”，孔雀跳蛛因此而得名。

展开

收拢

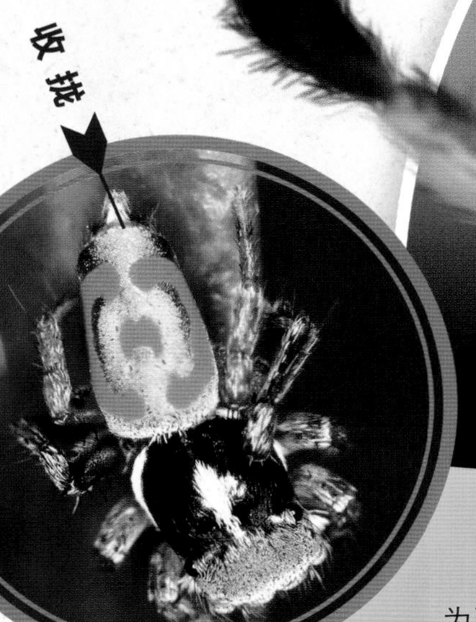

难以置信！

为了博取雌性孔雀跳蛛的注意，雄性孔雀跳蛛展开五彩斑斓的皮瓣。它还会抬起第三对足在空中摇晃，然后忽左忽右地来回变换舞步，看起来就像在迪斯科舞厅跳舞一样。

箭毒蛙

箭毒蛙有多种颜色，有红色、黄色、绿色、蓝色等。

动物小档案

箭毒蛙

栖息地：热带雨林

分布范围：中美洲、南美洲

体长：约6厘米

能分泌毒液的皮肤

你知道吗？

箭毒蛙因印第安人常把它们的毒液涂在吹箭的箭头上而得名。虽然箭毒蛙有100多个不同的品种，但印第安人实际上只用其中3种箭毒蛙的毒液涂抹他们的箭头。其他箭毒蛙的毒液要么毒性不够强，要么根本没有毒性。

难以置信！

这个名字就说明了一切：可怕的箭毒蛙是世界上毒性最强的动物之一，也是毒性最强的蛙类。1只箭毒蛙产生的毒素能毒死 20000 只老鼠！

有毒的食物

箭毒蛙的毒性来源于它们吃掉的有毒的昆虫。那些水族馆里的箭毒蛙，吃不含毒素的食物，就是无毒的。

箭毒蛙虽然体形很小，但绝非毫无防御能力！大多数这种蹦蹦跳跳的小家伙会从皮肤上分泌出一种毒液，这种毒液是世界上毒性最强的动物毒素之一。为了完全打消一般动物想要吃掉它们的想法，它们会用身上醒目的颜色发出信号：注意，有毒！箭毒蛙通常栖息在地面上。当它们的后代从卵孵化为蝌蚪，雄蛙就会把它们背到长在高处的凤梨科植物上，其漏斗状的叶片中盈满了水，箭毒蛙的蝌蚪就在那里生长。

和许多其他种类的箭毒蛙一样，蓝箭毒蛙也因热带雨林遭到砍伐而濒临灭绝。

斑尾塍鹬

斑尾塍鹬是真正的长途飞行家。这种来自北极的鸟类每年迁徙数千千米，飞往它们的越冬地。出发前，它们会大量进食。毕竟它们需要储备足够的能量来进行数天的不间断飞行！它们用长长的嘴从泥滩里夹出蠕虫、螃蟹和其他美味。为了不让自己变得太重，它们会在出发前压缩胃和肝脏。它们在途中几乎不吃不喝，只有到了目的地才又开始吃东西！

跨 度

成年斑尾塍鹬的翼展有 60 ~ 70 厘米。

➜ 纪录

13560千米

13560千米！这是有观测以来在鸟类中测量到的最长的不间断飞行距离。斑尾塍鹬创造了这个纪录，并且还有可能继续刷新！

冬季的客人

斯堪的纳维亚半岛的斑尾塍鹬在德国沿海地区越冬，从德国到西班牙都能看到它们的身影。

动物小档案

斑尾塍鹬

栖息地：松树林、沼泽、河流入海口、滩涂

分布范围：北极地区、北亚、斯堪的纳维亚半岛、非洲

体长：约42厘米

在泥滩上啄食

斑尾塍鹬用长长的尖喙在泥滩和浅水区啄食。

难以置信！

作为候鸟，斑尾塍鹬需要为迁徙到越冬地的长途旅行储备脂肪。出发前，这种鸟的体重会翻一番！

食人鲳

这是谣言！

佳肴

食人鲳作为食用鱼，深受南美洲亚马孙地区居民喜爱。

食人鲳锯齿状的牙齿尖尖的，最长可达 4 毫米，这些锋利的牙齿咬合得十分紧密。食人鲳能用牙齿有力地撕咬猎物，并能从猎物身上撕下大块皮肉！食人鲳偏爱昏暗、浑浊的水域，喜欢集体活动。依靠嗅觉灵敏的鼻子，它们能嗅到水中极轻微的血腥味！它们会一起捕食其他鱼类和动物。它们还会经常吃受伤或生病的动物，甚至腐肉也在其菜单上。这种嗜血的、声名狼藉的动物在生态系统中承担着重要职责，因为它们能在保持河流清洁和防止疾病传播方面发挥重要作用。

你知道吗？

据说食人鲳能杀人，甚至还能在几分钟内把一头牛啃成骨头，这些纯粹是无稽之谈。食人鲳的坏名声来自那些过时的、虚假的科学评估，当然，还有电影中夸张的情节。

动物小档案

食人鲳

栖息地：河流

分布范围：南美洲亚马孙地区

体长：14~26厘米，有些可达40厘米

防护

食人鲳偶尔也会攻击人类，例如当它们要保卫其产卵区时。但它们不会无缘无故地对人类发起攻击！

难以置信！

当食人鲳在疯狂而血腥地厮杀时，也可能会误伤同类，对此，大自然已经有了相应的解决办法：食人鲳伤口愈合的速度非常快，被咬掉的鱼鳍可以再生，能在相当短的时间内长出新的鱼鳍！

栖息环境

食人鲳不是濒危动物，但亚马孙热带雨林的河流遭到了污染，这会影响它们的生存。

蜂猴

动物小档案

蜂猴

栖息地：热带雨林
分布范围：印度、东南亚
体长：32~37厘米

蜂猴宝宝

蜂猴有一双大大的圆眼睛和一身天鹅绒般柔软的皮毛，看起来像一个可爱的毛绒玩具。但这种无害的外表具有欺骗性：被蜂猴咬一口可是会中毒的！

这种树栖动物的体重因种类不同而有所差异，在230～650克之间，是名副其实的轻量级选手。它们的行动通常十分迟缓。白天，它们蜷缩成一团躲在树上睡觉。夜晚，它们才会到热带雨林中觅食，悄悄地靠近并敏捷地抓住猎物。除了昆虫、蜘蛛外，它们还吃小型脊椎动物，也会吃水果和鸟蛋。

蜂猴通常一胎只生一个幼仔。

难以置信！

蜂猴是世界上唯一有毒的灵长类动物。蜂猴的手臂内侧长有毒腺，会分泌毒液。遇到危险时，它们会舔舐毒腺，这样被它们咬伤就会中毒。此外，为了不受寄生虫和天敌的伤害，蜂猴还会把毒液涂抹在自己和幼仔的皮毛上。

濒危

蜂猴是濒危动物，因其可爱的外形，人们喜欢将它们作为宠物来饲养。但其实它们完全不适合当宠物，往往会死于过度紧张和营养不良。

北极狐

北极狐栖息在苔原地区。这里的土壤全年冰冻，只有在夏季，地表才会解冻一点儿。和北极兔一样，北极狐的爪子上也长着毛，这样不仅能给脚保暖，而且还能在雪地上防滑。这些动物会为了繁育后代而筑巢。在坚硬的冻土上找到合适的地点挖掘巢穴，是一件比较困难的事情，因此，一个洞穴通常会居住好几代北极狐。

动物小档案

北极狐

栖息地：苔原

分布范围：北极地区

体长：50~75厘米

冬季

更换“衣服”

❶依靠一身白色的皮毛，北极狐能在北极地区将自己完美地伪装起来。

❷但如果夏天来了该怎么办呢？北极狐会换上“夏装”，它们在夏天会换上一身棕色的皮毛。

夏季

耳郭狐

难以置信！

如果将北极狐的耳朵与耳郭狐的耳朵进行比较，人们会立即注意到二者大小的不同。耳朵上的血管十分密集，很多热量会通过耳朵来释放。因此，这两种狐狸都会用耳朵来调节体温！

僧帽水母

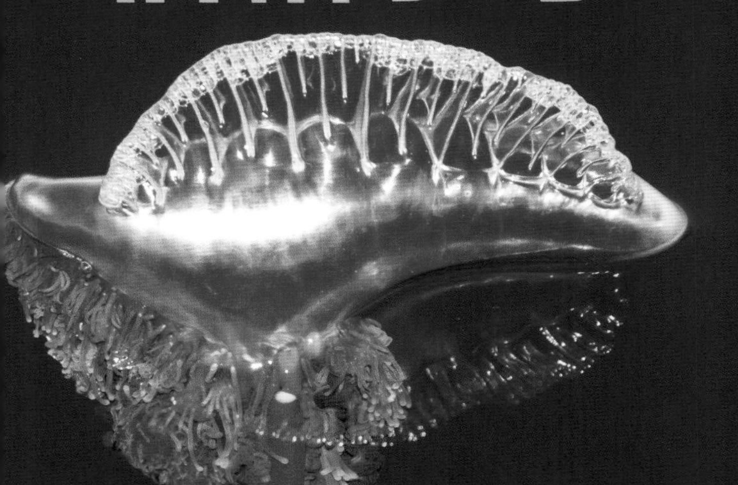

僧帽水母有一个透明的浮囊体，形似僧侣的帽子，因而得名。依靠这个浮囊体，僧帽水母能借助风在水面上移动。僧帽水母会伸出触手捕鱼，每条触手上最多有1000个刺细胞。它会用刺细胞中的毒液杀死猎物。僧帽水母通过收缩触手，将猎物带到负责消化和分解食物的营养体中。虽然僧帽水母的毒性极强，但它也有天敌——它会被翻车鲀或棱皮龟吃掉。

动物小档案

僧帽水母

栖息地：海水表面

分布范围：温带和热带海域

体长：加上触须最长可达22米

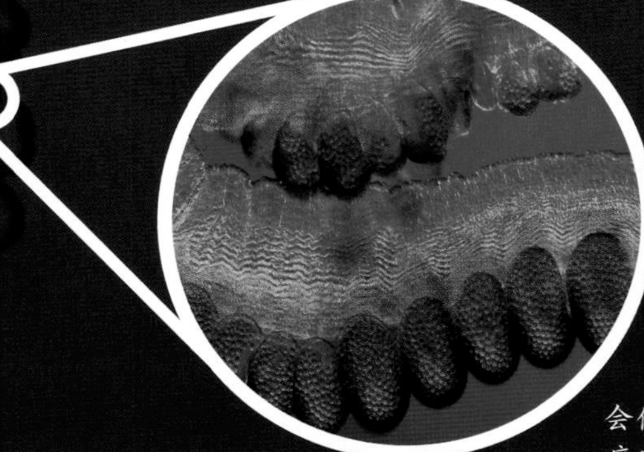

刺丝囊中的毒素会使人类产生剧烈的痛感。

总是随风而行

浮囊体上的膜冠像帆一样，能自行调整方向。

你知道吗？

僧帽水母看起来像一个生物个体，但实际上它是由许多个体组成的群落。在进化的过程中，它们相互协调，共同构成了一个群落。

腔棘鱼

早在 4 亿多年前，腔棘鱼就已在大海中游弋。1938 年，人们首次从海里意外地捕获到一条腔棘鱼，这在当时引起了轰动，因为此前人们认为这种鱼早已灭绝！腔棘鱼白天躲在洞穴里，只在夜晚出来活动。在觅食时，它慢慢地向前划动鱼鳍，直至有东西在它的嘴前游动。它毫不在意其左右有什么动静。这种觅食方法消耗的能量很少，因此，它只用吃一点点食物就够了。此外，迄今为止，人们只发现过一条腔棘鱼的幼鱼。它们的后代究竟栖息在何处，对人们而言仍是一个谜。

曾曾曾……祖父？在 1938 年那次意外发现之前，人们只能通过化石来研究腔棘鱼。在这块化石上，人们能清晰地看到腔棘鱼巨大的头部、眼睛和张开的大嘴。

活化石

你知道吗？

依靠特殊的鱼鳍结构，腔棘鱼能十字交叉式划动鱼鳍游动。腔棘鱼的左后鳍与右前鳍一起划动，而右后鳍总是与左前鳍一起划动。这在鱼类中非常少见。

这不是一张真正的腔棘鱼的照片，而是电脑合成的图片。因为人们很难用镜头捕捉到这种鱼的影像。

动物小档案

腔棘鱼（矛尾鱼）

栖息地：100米至500米之间的深海

分布范围：非洲东南部海域及印度尼西亚海域

体长：约1.5米

有趣的事实

不怎么聪明

虽然腔棘鱼最长可达 2 米，最重可达 100 千克，但它的大脑相对而言特别小。

双吻前口蝠鲼

动物小档案

双吻前口蝠鲼

栖息地：浅海

分布范围：热带海域和温暖的温带海域

体长：约4.5米

纪录

7米

双吻前口蝠鲼的翼展最宽可达7米。它是世界上体形最大的蝠鲼。

优雅的双吻前口蝠鲼看起来仿佛在水中飞翔，因为它们的胸鳍非常有力，就像大鸟在拍打翅膀一样。它们游动起来非常灵活，且耐力持久，常常会翻跟头，或跃出水面——但研究人员并不清楚它们这么做的确切原因。游动时，它们会从水中过滤出小型鱼类和浮游生物并以此为食。这种动物的头部有两只角状头鳍，看起来就像“魔鬼”头上的两只角，因此它们还有另一个名字——魔鬼蝠。依靠头鳍，它们能将富含浮游生物的水拨弄到嘴里。雌性双吻前口蝠鲼2～3年生一胎。

完全无害

它们的外表十分具有欺骗性，虽然体形巨大，但双吻前口蝠鲼其实是温和的独行动物。与其他蝠鲼不同，它们没有毒刺。

搭便车

一只双吻前口蝠鲼和一群鮣鱼在一起游动。这些鮣鱼可以随着双吻前口蝠鲼四处游历，并享受双吻前口蝠鲼的保护。

托哥巨嘴鸟

托哥巨嘴鸟大部分时间都栖息在树上。它生活在比较松散的族群中，一个族群通常最多有12只鸟。

动物小档案

托哥巨嘴鸟

栖息地：热带雨林

分布范围：南美洲东北部到中部

体长：约60厘米

巨嘴鸟在树上采摘果实，但也会在地上收集掉落的果实。

在巨嘴鸟中，长着鲜亮的橙红色喙的托哥巨嘴鸟最为著名。它的喙能长到约20厘米长！虽然这个喙看起来很沉，但其实并非如此，其内部是由骨纤维构成的轻质结构，重量极轻，且非常坚固。托哥巨嘴鸟是体形最大的一种巨嘴鸟，主要栖息在森林边缘，甚至会出现在果园或种植园里。它的食物主要为水果、昆虫、雏鸟及鸟蛋。它能一口吞掉较小的水果，吃较大的水果时，它会先用大嘴把它们压碎，然后喝果汁，吃果肉。

你知道吗？

托哥巨嘴鸟的喙的表层有许多血管。托哥巨嘴鸟靠它们释放热量，调节体温。

能干的大嘴

托哥巨嘴鸟叼住食物后，会快速仰头，将食物抛向空中，再张嘴接住，使其滑入咽喉。

有趣的事实

“鼾声如雷”

托哥巨嘴鸟的鸣叫声听起来像是响亮而深沉的鼾声。

骑士安乐蜥

绿色的骑士安乐蜥栖息于棕榈树和其他落叶乔木的树冠上，它很少待在地面上。雌蜥通常只在掘土埋卵时才到地面上来。幼蜥从卵中孵化出来大约需要 70 天的时间。像所有的安乐蜥一样，骑士安乐蜥的脚下也有带有黏性的脚垫，使其能牢牢地粘在光滑的表面上。骑士安乐蜥并不挑食，几乎能吃所有凑到它嘴边的东西。除了水果，它还吃蜘蛛、昆虫、青蛙和其他小型动物。为了保卫自己的领土不受外来者入侵，雄蜥之间总是发生争斗。

动物小档案

骑士安乐蜥

栖息地：森林、稀树草原

分布范围：古巴、美国佛罗里达州

体长：可达55厘米

骑士安乐蜥是一
昼行性蜥蜴。它有时
连续几小时纹丝不动。

红眼树蛙

红眼树蛙白天睡觉时，会爬到高高的树上，躲到树叶下面，身上亮丽的色彩变得黯淡。它会闭上眼睛，蜷缩起四肢，全身呈毫不显眼的绿色，将自己伪装得很好。直到夜晚，它才会醒来捕食昆虫。当红眼树蛙醒来时，它身上的色彩就会变得非常鲜艳。依靠灵活的脚趾，红眼树蛙攀爬时能牢牢抓住树枝。它身上醒目的颜色可以向其他动物发出信号：小心，我有毒！但这并不能吓唬到所有的捕食者，有些鸟类、蝙蝠和蛇对此毫不畏惧，无论如何都要吃掉红眼树蛙。

红眼树蛙的皮肤有毒。但这种毒液并不会伤害到人类。

小心！
危险！

难以置信！

红眼青蛙的蝌蚪有感知危险的能力！例如当蛇靠近时，蝌蚪就会提前从卵中孵化并逃到水里！这时蛇只能看着干瞪眼。

眼睛

食肉动物

红眼树蛙主要以昆虫为食，苍蝇、飞蛾和蝗虫，都在其菜单上。

动物小档案

红眼树蛙

栖息地：热带雨林

分布范围：墨西哥南部到中美洲

体长：约7厘米

红大袋鼠

育儿袋

小袋鼠会在母亲的育儿袋里待大约 190 天，然后才首次出来活动。

袋鼠主要分布于澳大利亚及新几内亚，少数种类分布于美洲。红大袋鼠是袋鼠中体形最大的一种。和所有的袋鼠一样，它们是植食性动物，以水果、树叶等为食。缓慢移动时，它们会用前肢和尾巴支撑住身体，然后向前摆动后肢；快速前行时，它们只用后肢跳跃。它们的超强弹跳力要归功于其后肢上特殊的肌腱：当袋鼠着地时，肌腱就像弓弦一样绷得紧紧的；当袋鼠起跳时，肌腱就伸展开，让袋鼠像离弦的箭一样快速前进。

育儿袋中的袋鼠宝宝

开玩笑还是动真格？成年的红大袋鼠几乎没有天敌。一旦受到攻击，它便会用强壮的后肢踢打对方。

你知道吗？

尾巴对袋鼠而言非常重要，它能让袋鼠保持平衡，就像袋鼠的第三条腿一样。

动物小档案

红大袋鼠

栖息地：森林、沙漠和半沙漠、开阔的稀树草原

分布范围：澳大利亚

体长：1~1.6米

难以置信！

红大袋鼠在逃离天敌的追捕时，一跃最远可达 13 米。

家庭出游：红大袋鼠通常集成小群一起生活。这次旅行会去哪里呢？

锯 鳐

锯鳐的头部扁平且棱角分明，身体强壮有力，和扁平的蝠鲼亲戚们相比，它看起来更像鲨鱼。这种体形巨大的鱼类通常栖息在海岸附近的水域。它的吻部狭长且扁平，边缘长有锯齿。锯鳐主要吃甲壳动物，但在遇到鱼群时，它的吻剑就会成为一种危险的武器：它会径直游进鱼群中，像挥剑一样来回摆动吻剑，将鱼砍伤之后再把它们吃掉。

史前猎人

人们在黎巴嫩发现了锯鳐祖先的化石。在这块化石中，锯齿清晰可见。

你知道吗？

锯鳐的吻剑并非只有砍伤猎物这一个功能。吻剑上分布着数千个“电子接收体”，也就是劳伦氏壶腹，锯鳐能用其追踪猎物。

后 代

雌性锯鳐能无性生殖。卵不经受精就能发育成后代。

动物小档案

锯 鳐

栖息地：浅海、河流入海口

分布范围：红海、印度洋、太平洋、大西洋

体长：约5米

庞大的身躯

在鱼类中，锯鳐的体形算得上是相当大的了。

锥齿鲨

动物小档案

锥齿鲨

栖息地：大陆架、珊瑚礁

分布范围：热带和亚热带海域

体长：2~3米

顶尖的武器

锥齿鲨的牙齿长而锋利，即使闭上嘴，也可以看到它外露的牙齿。

难以置信！

锥齿鲨出生前就开始了竞争！在母鲨身体里的众多幼鲨中，只有最强壮的2只幼鲨能幸存下来。

我的肚子里有很多空气……

和所有的鲨鱼一样，锥齿鲨也属于软骨鱼。锥齿鲨没有鱼鳔，而鱼鳔是使鱼类能够自如地在水中上浮或下沉的器官。为了不沉入海底，没有鱼鳔的鱼类通常要一直不停地游动。但锥齿鲨会一种鲨鱼世界中的“独门绝技”：它反复浮到水面，吞入空气储存在胃里，以此调整浮力。因此，它也能像有鱼鳔的鱼那样调整自己的浮力，而不用像其他鲨鱼那样，一旦停止游动，就会沉入海底。

白天，这种中等体形的鲨鱼通常待在洞穴里。夜里它们才去捕食。

帮手

你知道吗？

锥齿鲨通常独自捕猎。但有时它们也会与同类合作：它们将一群鱼包围后，就朝着猎物一拥而上，狼吞虎咽。

马来貘

小小伪装艺术家

年幼的马来貘看起来就像野猪的幼仔。靠身上的斑纹，它们将自己很好地伪装起来。到了6个月大时，它们才变成典型的黑白色。

马来貘栖息在东南亚的热带雨林多水处。这种害羞的动物走路时，鼻吻部几乎贴着地面。在茂密森林的斑驳光影中，黑白色的外表使它的轮廓模糊不清，这能使它有效地伪装起来。它的嗅觉十分灵敏，能靠鼻子找到爱吃的植物。此外，它的鼻子还是一个抓握器官。作为独居动物，它不喜群居，选择伴侣时也很挑剔。交配后，过了13个月幼仔便出生了。其哺乳期约为10个月。其间，幼仔会从母亲那里学会该如何觅食。

你知道吗？

马来貘身体的中后部为白色，看起来就像是披了一条白色毯子。在夜晚，黑色部分能很好地与环境融为一体，而白色部分则会让它看起来就像一块没有生命的石头。

动物小档案

马来貘

栖息地：热带雨林

分布范围：东南亚

体长：1.8~2.5米

美洲红鹮

美洲红鹮喜欢栖息在茂密的红树林、森林和淡水沼泽中。依靠细长而弯曲的喙，它能从泥浆里找出蟹类、软体动物、昆虫等来吃。美洲红鹮喜欢群居。一个聚集地最多能有 2000 只美洲红鹮！美洲红鹮通常仅用树枝松散地搭筑巢穴，它们将巢穴安置在树冠上或灌木丛中。雌鸟和雄鸟会一起照顾雏鸟。雏鸟的羽毛最初为灰褐色，2 ~ 3 年后才变为典型的鲜红色。

知识加油站

美洲红鹮之所以有一身鲜红色的羽毛，是因为其中含有红色的色素。但这种色素并非是由红鹮自身形成的，而是来自它的食物。它的食物中含有类胡萝卜素，这能使它长出红色的羽毛；如果缺乏这种色素，它的羽毛就会褪色。

翅膀

美洲红鹮的翼展接近 1 米。

喙

喙的角质层下面分布着触觉细胞，美洲红鹮能靠其探测猎物。

鸡蛋

美洲红鹮的蛋

1 刚孵化出的美洲红鹮披着一身黑色的羽毛。

2 美洲红鹮出生后的第 1 年，羽毛的颜色逐渐发生变化。

3 2 岁以后，美洲红鹮就会换上典型的鲜红色羽毛了。

动物小档案

美洲红鹮

栖息地：湿地、河流、沼泽、海岸、公园、花园

分布范围：中美洲南部、南美洲北部和东部

体长：56～61厘米

黑猩猩

难以置信!

黑猩猩在生理上、高级神经活动上、亲缘关系上与人类最为接近。黑猩猩能使用简单的工具，是已知的仅次于人类的最聪慧的动物!

黑猩猩会使用各种手势和声音来相互沟通。你觉得它们这个动作是想表达什么?

动物小档案

黑猩猩

栖息地：热带雨林、稀树草原、林地

分布范围：非洲中部和西部

体长：1.2~1.5米

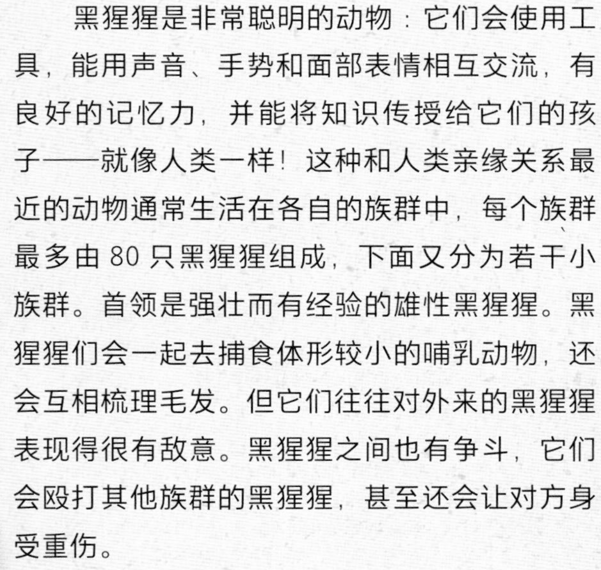

黑猩猩是非常聪明的动物：它们会使用工具，能用声音、手势和面部表情相互交流，有良好的记忆力，并能将知识传授给它们的孩子——就像人类一样！这种和人类亲缘关系最近的动物通常生活在各自的族群中，每个族群最多由 80 只黑猩猩组成，下面又分为若干小族群。首领是强壮而有经验的雄性黑猩猩。黑猩猩们会一起去捕食体形较小的哺乳动物，还会互相梳理毛发。但它们往往对外来的黑猩猩表现得很有敌意。黑猩猩之间也有争斗，它们会殴打其他族群的黑猩猩，甚至还会让对方身受重伤。

你知道吗?

黑猩猩还是多才多艺的工匠，它们会使用近20种不同的工具。

强大的凝聚力

黑猩猩非常善于交际，是社会化的动物。

黑猩猩主要以水果和植物为食，但它们也吃昆虫和较小的哺乳动物。

弹涂鱼

弹涂鱼虽然长得有点像青蛙，而且喜欢上岸，但是它其实是鱼。这种动物在水中用鳃呼吸水中的氧气。退潮时，这种两栖鱼在泥滩上觅食，此时，它会闭合鳃盖。为了不让鳃变得干燥，它用水把鳃打湿，这些水储存在鳃后面特殊的腔室里。进食时它会连着食物和水一起吞下，然后它必须回到潮湿的地方，让身体保持湿润。在陆地上，这种动物用类似“胳膊”的胸鳍和尾巴推动自己弹跳前进。有时候，它甚至还会爬到树上！

弹涂鱼会在退潮时上岸，它甚至还会爬树。

难以置信！

弹涂鱼的眼睛略微突出，每只眼睛都能独立转动。因此，这种鱼有绝佳的全方位视野！此外，当它的身体在水下时，它还能用眼睛观察水面上的动静。

动物小档案

弹涂鱼

栖息地：滩涂、潮间带、红树林、河流入海口

分布范围：印度洋和太平洋的热带、亚热带海域

体长：约10厘米

你知道吗？

弹涂鱼的洞穴在水下，但为了不被淹死，它会将嘴里的气泡吐到洞穴顶部，以便洞穴里有足够的空气呼吸。

为了能在陆地上更快地移动，弹涂鱼用尾巴来推动自己，这样它就能跳跃着前进了。

看到弹涂鱼清晰可见的背鳍，就没法否认弹涂鱼属于鱼类这一事实。

仓鸮

动物小档案

仓 鸮

栖息地：田野、森林边缘、空旷的农田

分布范围：几乎全球陆地

体长：约35厘米

有趣的事实

太可爱了！

仓鸮长有一张桃心形的脸蛋，这不仅让它看起来很漂亮，而且桃心形脸蛋边缘硬硬的羽毛还能增强它的听觉能力。

翅 膀

仓鸮的翅膀特别透气，其末端有细细的条纹。

进 食

仓鸮会将猎物整只吞下，没有消化掉的部分将作为残食再次反流。

仓鸮在黑暗中捕食老鼠、青蛙、较大的昆虫和其他小动物。它通常只在离地面几米处滑翔。和所有的猫头鹰一样，它的翅膀构造非常特殊，能悄无声息地在空中滑翔。因此，尽管它飞得很低，但猎物还是察觉不出它的到来。白天，它通常在洞穴里休息。仓鸮栖息的地方往往离人类很近，它喜欢在塔楼、谷仓或老旧建筑中筑巢。黄昏时分，人们经常能听到它尖锐的叫声，这声音听起来就像一扇吱吱作响的谷仓门。

知识加油站

- 仓鸮的两只耳朵位置并不对称，其头部一侧的耳孔比另一侧高一些，这使仓鸮能更快地确定声源。
- 仓鸮的听觉非常敏锐，能感知到哪怕最轻微的声响。它的听觉比人类要好10倍！

雌性仓鸮每次产4～7枚卵。大约3周后，雏鸟就会长出一身能够保暖的绒羽。

天堂金花蛇

绿褐相间的天堂金花蛇不仅能从一根树枝蜿蜒爬行到另一根树枝，还能在空中滑翔！因此，人们也称其为“飞蛇”。在滑翔时，它会扩张肋骨，让身体变得非常扁平。不仅如此，它还能把自己扭曲成“S”形，并在滑翔过程中不断扭动身躯。这样做能使其改变方向——这是蛇类中独一无二的滑翔技术！这种体形娇小的蛇是有毒的，它的毒牙位于口腔后部。它吞食猎物时，会用毒牙往猎物身上注入毒液——这种毒液不仅能帮助它杀死猎物，还有助于它消化猎物。

难以置信！

“飞蛇”在空中滑翔的距离最长可达30米，而且无须借助其他辅助！依靠出色的滑翔技术，它能飞得和鼯鼠差不多远，鼯鼠能张开其特殊的翼膜用来滑翔。

猎物

食物

天堂金花蛇的猎物包括蜥蜴、小鸟和啮齿动物。和所有的蛇一样，它有一个可灵活伸展的下颌，因此它也能吞噬体形较大的动物。

攀爬

凭借腹鳞上锋利的边缘，天堂金花蛇能在攀爬时紧贴在树上。

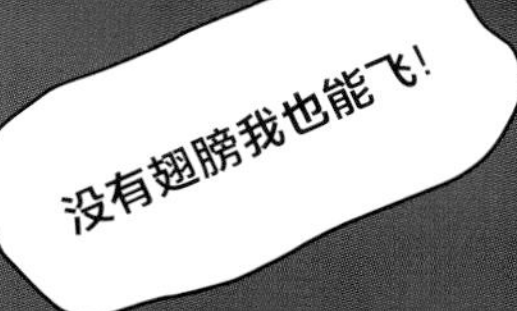

动物小档案

天堂金花蛇

栖息地：热带雨林、热带干燥的森林

分布范围：东南亚

体长：约1米

鸭嘴兽

你知道吗？

鸭嘴兽是极少数能用毒液自卫的哺乳动物之一。鸭嘴兽的两条后腿上各有一个尖刺，雄性鸭嘴兽的尖刺与毒腺相连，其毒腺分泌出的毒素会导致猎物中毒。

乍一看，鸭嘴兽很像一只长着鸭嘴的海狸。这种奇怪的动物经常在夜晚活动，还尤其喜欢待在水里。当它潜入水中捕食时，它会闭上鼻孔、眼睛和耳朵，完全依靠喙在水底寻找螃蟹、幼虫和蠕虫等猎物。鸭嘴兽的喙上有超过 4 万个电信号传感器，能探测到轻微的波动和微弱的电场，例如，它可以感知动物受到惊吓逃跑时肌肉的运动。如果捕食成功，鸭嘴兽会把战利品放进颊囊里，然后游回水面。

尽管鸭嘴兽产卵，但它是哺乳动物。

鸭嘴兽的脚上有蹼，所以它可以在水中自如地游动。在陆地上，鸭嘴兽会收起蹼，改用爪子挖土。

动物小档案

鸭嘴兽

栖息地：河流、湖泊

分布范围：澳大利亚南部和塔斯马尼亚岛

体长：雄性约60厘米，雌性约46厘米

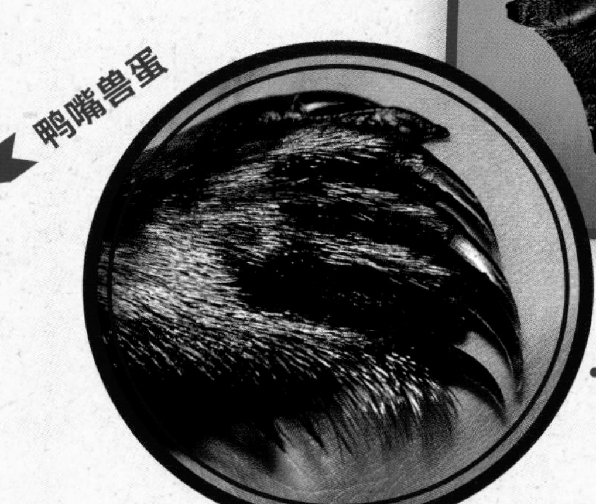

有趣的事实

传说中的神奇动物是存在的！

鸭嘴兽像鸟和爬行动物一样产卵，但它也像哺乳动物一样用母乳哺育幼仔。这种独一无二的动物是现存哺乳纲动物中最原始的一群，与爬行动物之间也有着重要联系。

雪 鸮

雪鸮一动不动地蹲坐在一处高地上，凝视着四周——它正在寻找猎物！它可以一直保持这样的姿势，因为又长又密的羽毛能保护它不受寒冷的侵袭，甚至连它的喙和脚都覆盖着羽毛。当雪鸮发现一个猎物时，会静悄悄地在空中滑翔，然后迅速用爪子抓住它。一旦猎物逃跑，雪鸮便会展开双翅，奋力追赶。与大多数猫头鹰不同，雪鸮不仅在夜间活动，在白天也很活跃。它们的猎物包括体形较小的哺乳动物、鸟类，尤其是旅鼠，雪鸮一天最多可以吃掉 5 只旅鼠。

雪鸮能将它圆圆的脑袋旋转 270 度，因此它可以轻松地环顾四周。

雪鸮的眼睛很大，略呈椭圆形，金黄色。

雪鸮的脚被羽毛包裹得很暖和，就像穿着一双雪地靴一样，这样雪鸮就不会陷入雪中了。

动物小档案

雪 鸮

栖息地：苔原

分布范围：北欧、北亚、加拿大、阿拉斯加州

体长：50~70厘米

你知道吗？

这是一只雄性雪鸮还是雌性雪鸮呢？人们从它的羽毛上可以找到答案：随着年龄增加，雄性雪鸮的羽毛会变得越来越白，而雌性雪鸮的白色羽毛上则会遍布棕色的斑纹。

难以置信！

雪鸮能在 −56℃的环境中生活，它身上那层厚厚的羽毛能很好地帮助它抵御严寒。而其他鸟类则难以承受这么低的温度。

雪豹

动物小档案

雪豹

栖息地：山地

分布范围：中国西部、蒙古和中亚东部

体长：约1.3米

雪豹毛茸茸的爪子下面覆盖着蓬松的毛发，这使它在行走时，既不会陷入雪里，又能给它的脚保暖。

雪豹静静地在荒芜的喜马拉雅山脉间漫步。夏季，人们能在海拔高达 6000 米的高山上发现它的足迹！带有黑斑的灰色皮毛能让雪豹在雪地中很好地将自己伪装起来。在大幅度跳跃时，雪豹会用醒目的长尾巴来保持平衡。此外，它的尾巴还能起到御寒的作用：睡觉时，雪豹会用尾巴包裹住自己，并将尾巴的顶端盖在鼻子上保暖。捕猎时，雪豹会尽可能地悄悄靠近猎物，以便连跳几下就能将其捕获。在它的菜单上主要有绵羊、山羊和其他有蹄类动物，但它也食用土拨鼠、雪兔、鸟类以及某些植物。

➔纪录

16米

雪豹一跃最远可达16米。

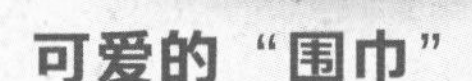

可爱的“围巾”

雪豹的尾巴最长可达1米，柔软可爱，能在严寒中当作围巾来御寒。

雪豹是易危的大型猫科动物。

露出牙齿

雪豹有典型的掠食动物的牙齿，能够捕食比自己重 3 倍的猎物！

鲸头鹳

鲸头鹳栖息于人迹罕至的沼泽地带，沼泽上密布着纸莎草和芦苇。当它准备捕食鱼类或青蛙时，通常会一动不动地站在水边观察，或是缓慢踏入浅水中；一旦它发现猎物，就会用锋利的喙迅速地一口咬住猎物——有时它会失去平衡，向前栽倒！鲸头鹳的喙的顶端有尖钩，能帮助它牢牢地咬住猎物。鲸头鹳喜欢在小岛上或浮游植物丰富的湿地里筑巢。鲸头鹳亲鸟会轮流孵化和喂养后代。

鲸头鹳是独行动物，它几乎不与同类接触，总是独自行动。

巨大的喙

它的喙最长可达20厘米，形状很特殊，像一只鞋子。

你知道吗？

由于生理结构的独特性，目前人们尚不完全清楚鲸头鹳属于鸟类的哪一个科目。从解剖学上看，它属于鹈鹕科，而从生物化学角度上看，它更接近鹭科。所以，它被单独列为一个科。

动物小档案

鲸头鹳

栖息地：沼泽

分布范围：非洲

体长：约1.2米

后代

鲸头鹳在雨季结束时产卵，这样巢穴就会免受洪水侵袭，鲸头鹳亲鸟会为它们的后代找寻食物。

射水鱼

射水鱼栖息在低盐度的半咸水水域，这种水的盐度介于淡水和海水之间，当河流汇入海洋时，就会形成半咸水。射水鱼这种热带鱼栖息于水面附近，以昆虫为食，它们进化出了一种独特的捕食方法：用嘴喷射水柱，精准击落停留在植物枝叶上的昆虫，随即昆虫落入水中，立刻被射水鱼吃掉。射水鱼能用这种方式准确射中离自己 2 米远的昆虫，有些技能特别熟练的射水鱼甚至能击中距离 4 米远的猎物！

红树林

这些树木生长在热带沿海地区的半咸水中，形成了一种特殊且珍贵的生态系统。

喷嘴

射水鱼的嘴部朝上，就像灵活的水枪喷嘴一样，这样射水鱼能控制和改变水柱的方向，以便准确无误地击中猎物。

动物小档案

射水鱼

栖息地：红树林沼泽的半咸水区

分布范围：印度洋、太平洋的热带近岸海域

体长：最长可达40厘米

你知道吗？

为了全力击中猎物，射水鱼一开始会慢慢地把水从嘴里射出，随即不断加快速度，快要接近瞄准的昆虫时，它嘴里的水会形成一个水球，竭尽全力将猎物从叶片上射下来。

金凤蝶

金凤蝶的翅展长达 8 厘米，双翅上的图案五彩斑斓，体形巨大，十分美丽。它的后翅像燕子的尾巴一样延伸出去。金凤蝶通常一年繁殖两代：第一代幼虫在 5 月破壳而出，在 6 月羽化。第二代在盛夏破壳而出，与第一代相比，第二代幼虫的体色更黄。如果幼虫在夏末才破壳，此时天气通常已经冷了，因此，它们一般化蛹越冬，新一代成虫将于次年 5 月破蛹而出。

卵壳

蛹

防御

幼虫能从头部伸出一个叉子状的臭丫腺。臭丫腺会释放出一种分泌物，通过气味来驱赶敌人。

动物小档案

金凤蝶

栖息地：花园、草地、山地

分布范围：亚洲、欧洲和北美洲

翅展：约8厘米

从卵到成虫

1 长满毛刺的灰黑色幼虫从卵壳中爬出来，它会经历 4 次蜕皮，颜色也随之发生变化。

2 化蛹前不久，幼虫呈绿、橙、黑三色相间。

3 一个约 18 天大的蛹。

4 羽化成蝶。

金凤蝶是真正的飞行家。它在草地上和花园里翩翩起舞，偶尔会停留在鲜花上采食花蜜。

食蚜蝇

食蚜蝇是娴熟的飞行家，它每秒能振翅 300 次。它们能像直升机一样，在空中侧向和倒退飞行，甚至还能悬停。目前世界上约有 6000 种食蚜蝇，但它们的外表可能完全不同：有的身形修长，有的矮矮胖胖，有的毛茸茸的，还有的身上一根毛也没有。食蚜蝇以花蜜和花粉为食，因此，它们在植物传粉中发挥着重要作用。受精的雌性食蚜蝇一次产下数百枚卵，然后幼虫便从卵中孵化出来。不同的食蚜蝇，其幼虫吃的食物也不一样：有些幼虫吮吸植物汁液，有些幼虫以腐烂的植物为食，还有些幼虫则捕食昆虫。

复眼

动物小档案

食蚜蝇

栖息地：有开花植物的地方

分布范围：几乎全球陆地

体长：约12毫米

有趣的事实

被骗了！

在自然界中，黑黄相间的颜色意味着：注意，我很危险！因此，多数食蚜蝇会模仿蜜蜂和胡蜂的颜色和花纹。尽管这些无害的苍蝇根本没有刺针，但鸟类经常会绕开它们！人们将这种现象称为拟态。

传粉者

一只食蚜蝇正在飞向一朵花。除了蜜蜂，食蚜蝇也是传粉者。

和所有昆虫一样，食蚜蝇也有复眼。复眼是由大量的小眼组成的感知器官。

蚜虫

食蚜蝇幼虫

食蚜蝇是抗击农业害虫的斗士。图中，一只食蚜蝇幼虫抓住了一只蚜虫，享受地吮吸着它的体液。

虎 鲸

虎鲸的背鳍犹如一把巨大的宝剑，其背鳍最长可达 1.8 米！人们也将这种雄壮的动物称为逆戟鲸。虎鲸属于海豚科，拥有黑白分明的皮肤。它们成群生活，每个族群由 5 ～ 50 只虎鲸组成。这些鲸用哨声和叫声相互交流，每个族群都有自己的“方言”。它们还能发出“咔嗒咔嗒”的声音，这能帮助其定位并追踪猎物。这些动物会一起捕食，它们捕食的猎物会因为栖息环境的不同而有所差异：有些虎鲸吃海豹，有些虎鲸吃企鹅，有些虎鲸吃小须鲸，还有些虎鲸则捕食鱼类。

难以置信！

虎鲸非常聪明。当海豹躲藏在浮冰上时，虎鲸会成群聚在一起，掀起一股强烈的海浪，把海豹掀下来。

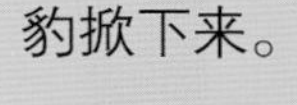

海豹

群体捕猎

通过一起捕猎，虎鲸能制服比自己更大的动物。

你知道吗？

虎鲸长约9米，但人们认为虎鲸是体形最大的齿鲸之一，那些体形较大的鲸，比如蓝鲸，大多是只有鲸须而没有牙齿的须鲸。

背鳍

和所有的鲸一样，虎鲸属于哺乳动物，而不是鱼类。

动物小档案

虎 鲸

栖息地：海洋

分布范围：太平洋、大西洋、印度洋

体长：约9米

空中跳跃

当快速游动时，虎鲸也会一次又一次地跳出水面。

六星灯蛾

有趣的事实

有角的蛾子

六星灯蛾广泛分布在欧洲，在德国，它被叫作“六星小公羊”，这是为什么呢？答案显而易见：当你看到它的照片时，首先注意到的就是那对弯曲的触角！

这是一头公羊。

色彩

在欧洲，大多数种类的六星灯蛾有黑色的翅膀，翅膀上有数量不一的红色斑点，这些斑点像血滴一样。

六星灯蛾的前翅有 6 个红色斑点，它也因此而得名。但不是每只六星灯蛾身上都有清晰的斑点，因为这些斑点有时会重叠在一起。这种飞蛾身上鲜红的警告色在向它的天敌发出信号：“注意，我是有毒的！”六星灯蛾体内含有致命的氰化物。

7 月和 8 月，六星灯蛾幼虫孵化出来后，会出现在阳光明媚的草地、斜坡和森林边缘。这些淡绿色的毛毛虫身上有醒目的黑色斑点。它们主要以三叶草和百脉根为食。冬季，幼虫在树叶下冬眠。多数幼虫会在春季结蛹，这样就能在夏季破蛹而出。

1 产卵

六星灯蛾将卵产在幼虫吃的植物附近，例如长叶车前、百脉根、小冠花附近。幼虫从卵中孵化出来。

2 蛹

幼虫蜕了几次皮后，就会结蛹来保护自己。

3 最后的蜕变

幼虫在蛹中羽化为蛾。羽化后，蜕下的皮和蛹壳会留在原处。

动物小档案

六星灯蛾

栖息地：草地、森林边缘

分布范围：欧洲

体长：约40毫米

圆鳍鱼

圆鳍鱼最喜欢栖息在温度较低的海域。和许多其他鱼类不同，它不擅长游泳，因为它没有能让自己在水里沉浮的鱼鳔，因此，它通常栖息在海底的石头上。它的腹鳍已经进化为一个吸盘，它能靠腹鳍将自己吸附在海底，即使是很强的水流，也不会将它冲走。

春季，这些鱼游到海岸附近的浅海区域，雌鱼会在此处产下约 35 万枚卵，随后便返回更深的海域；雄鱼则待在原地守护卵，当幼鱼被孵化出来后，雄鱼才会离开。

鱼卵

你知道吗？

雌鱼产卵后，这些鱼卵会面临很多危险，因此，雄性圆鳍鱼会认真地保护鱼卵。

幼鱼

与成鱼不同，幼鱼的皮肤没有光泽，呈橄榄绿色至赭黄色，上面有银色的条纹和斑点。

动物小档案

圆鳍鱼

栖息地：深海

分布范围：北极海域

体长：最长可达70厘米

作为食用鱼，圆鳍鱼很少出现在餐桌上，但它的鱼卵被视为美味佳肴，人们将其制成鱼子酱出售。

吸盘

有趣的事实

圆鳍鱼会跳吗？

圆鳍鱼圆圆的，但是它不会在海床弹跳。它在欧洲也被叫作“Lumpfish”，意思是肿块鱼。

豹形海豹

动物小档案

豹形海豹

栖息地：海洋、海岸
分布范围：南极洲
体长：约3.6米

豹形海豹也叫豹海豹，广泛分布于南极海域，它被认为是海豹种群中唯一的真正的捕食者。和豹一样，它也有一身带有深色斑点的皮毛。它的身体呈流线型，这使它游泳的速度非常快，最快速度可达 40 千米 / 时，而且还能潜水长达 15 分钟。豹形海豹是独行动物，喜欢待在浮冰的边缘，并在水中捕捉猎物。这种强壮的动物几乎没有天敌，虎鲸是它唯一的天敌。它有时会在水下发出长长的咆哮声，这可能是在与同类进行交流。

锋利的牙齿

豹形海豹是掠食动物，它的尖牙是危险的武器。

来自水中的危险

虽然豹形海豹主要以磷虾为食，但它们的菜单上也有其他海豹的幼仔和企鹅。有时，它们也会在水下捕食水鸟。但更常见的是，当一只企鹅跳到浮冰上，没有停稳又掉落到水里时，豹形海豹就会冲上去把它吃掉。

难以置信！

虽然豹形海豹是危险的捕食动物，在栖息地几乎没有天敌，但它主要以磷虾为食。它有一口掠食动物的牙齿，能帮助它有力地撕咬猎物，它的牙齿还很像一个过滤器，能从水中过滤出磷虾。

磷虾体形很小，重量只有 2 克。

豹形海豹

海獭

海獭更喜欢待在靠近海岸的海域，它非常适应水中的生活：它的脚呈桨形，脚趾间有蹼，这使它能灵活地游动。虽然它没有用于保暖的皮下脂肪层，但它有一身非常浓密的皮毛，使其免受冰冷海水的侵袭。此外，充盈于细密毛发间的小气泡，使皮毛在水中形成一个隔热屏障。

海獭在海底捕食海胆、海星、贻贝和虾等。它会用石头作为工具来打碎这些猎物的外壳。它采取仰泳姿态，先将猎物放到腹部，然后抓着石头敲击猎物。

几近灭绝

在阿拉斯加州和加利福尼亚州的沿海地区，栖息着受到严格保护的海獭。人们为了获取海獭的皮毛，海獭曾一度被猎杀到濒临灭绝。

难以置信!

海獭甚至能喝咸咸的海水，它的肾脏能高效地工作，处理海水中的盐分！

动物小档案

海 獭

栖息地：海洋、海岸

分布范围：北太平洋

体长：约1.3米

有趣的事实

枕浪而眠

即使在睡觉的时候，海獭也不一定会上岸。它们通常直接仰卧在一片海藻上，这样就不会被水流冲走。

贻贝

胃口真好！这只海獭正在享用它的猎物：贻贝。它用石头来敲破贝壳。真是太聪明了！

海 马

海马几乎直立着身体漂浮在水中，它通常能很好地隐藏在海草或海藻中。此外，它还能改变身体的颜色，以适应不同的环境，这样就能保护自己免受天敌的袭击。海马喜欢用尾巴勾住植物来固定身体，避免被水流冲走。这种小型海洋生物以小型甲壳动物为食，当这些猎物游过它长长的口鼻时，海马就会飞快地将其吸入并吞下。在交配过程中，雄性海马和雌性海马会用尾巴勾在一起，在水中跳动一会儿。

自豪的爸爸

①雄性海马的育儿囊中最多能装下二百多枚卵。
②雌性海马（右）必须将卵产在雄性海马（左）的育儿囊中。

难以置信！

海马家族是由雄性海马负责生育后代！雌性海马将卵产在雄性海马的育儿囊中，这些卵在育儿囊里受精后，大约经过 9 ~ 45 天，小海马就出生了。

不是马，而是鱼

海马的头像马头，身体像蠕虫，看起来不像是典型的鱼。

有趣的事实

鱼类中的乌龟

海马的身体构造奇特，海马只能用背鳍发力，这使它们成为世界上游得最慢的鱼类，平均速度约为 1.5 米 / 时。

动物小档案

海 马

栖息地：浅海
分布范围：热带和温带海域
体长：约20厘米

背鳍

五颜六色的海马

为了能更好地伪装自己，海马能根据周围的环境变换身体的颜色。

卷曲的尾巴

为了避免被水流冲走，它们睡觉时会用弯曲的尾巴卷住海草或珊瑚。

澳大利亚箱形水母

澳大利亚箱形水母又叫海黄蜂，它并不是昆虫，而是属于刺胞动物门立方水母纲。像所有的水母一样，它的身体 95% 以上是由水构成的。在其蓝色的方形箱体上，悬挂着多达 60 个长长的触手，在这些触手上长着数亿个刺细胞。当它用这些触手触碰猎物时，会射出刺细胞里的刺丝，刺入猎物的皮肤，并释放出能使其瘫痪的毒液。此外，箱形水母还有 24 只眼睛，其中 16 只能感知光线强弱，其余 8 只像雷达一样，能引导箱形水母轻松避障！由于这种动物没有大脑，它获取的信息都是直接在神经系统中进行加工的。

难以置信！

箱形水母是世界上毒性最强的动物之一。一只箱形水母的毒液就足以杀死 60 人！

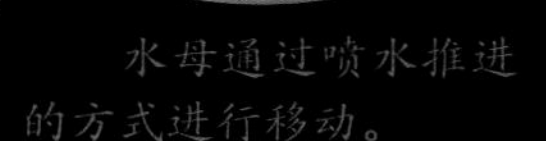

水母通过喷水推进的方式进行移动。

警 告

水母经常会在沿海地区捕捉小鱼和甲壳动物，所以对游泳者而言，它极其危险。因此，在澳大利亚的许多地方，你会发现这个警告标志。

带刺细胞的触手

顺便说一下：箱形水母是刺胞动物，也就是无脊椎动物。

动物小档案

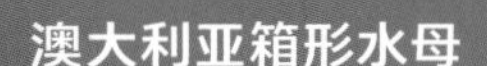

澳大利亚箱形水母

栖息地：近岸海域

分布范围：澳大利亚海域、东南亚海域

体长：触须可达3米，体长约20厘米

你知道吗？

箱形水母不仅是世界上毒性最强的动物，也是游得最快的水母之一。它的速度可达9千米/时。

缎蓝园丁鸟

动物小档案

缎蓝园丁鸟

栖息地：热带雨林、开阔的地方

分布范围：澳大利亚东部，东南部

体长：约30厘米

雄鸟

雄鸟的羽毛闪耀着蓝黑色的光泽，这样它在求偶时能很好地展示自己。

雌鸟

雌鸟的羽毛呈灰褐色，只有眼睛是蓝色的。

缎蓝园丁鸟最喜欢的颜色是蓝色，这种颜色在求偶时发挥着重要作用：雄鸟为了博取雌鸟的注意，它首先会打扫求偶的场地，并用树枝搭建起一个亭子。然后，它会尽可能多地用各种蓝色物品来装饰求偶亭，如鲜花、羽毛、小石子、贝壳、浆果，还有蓝色的碎玻璃、塑料或其他垃圾。科学家还曾发现雄鸟将一小块树皮浸入蓝色的果浆中，以此刷到求偶亭的树枝墙上。为了给雌鸟留下深刻的印象，雄鸟会在求偶亭一边鸣唱一边跳精彩的求爱舞，如果运气好就能和雌鸟成功交配。

不同种类的雌鸟喜欢不同颜色的求偶亭。

你知道吗？

华丽的求偶亭只是用来求爱的。交配后，雌鸟便只身离开，独自抚育后代。哺育雏鸟的巢穴也是它在没有任何外界帮助的情况下独自搭建的！

求偶亭

求偶亭由两道平行的“墙”组成，它们由树枝编织而成，

豪猪

难以置信!

遇到一头豪猪可不是闹着玩的，被棘刺扎到不仅会非常疼痛，甚至还会引发危及生命的炎症。

豪猪长有满身的棘刺，这些刺具有很强的防御性，因此它不必害怕诸如狮子这样的大型猎食者。它那身黑白相间的长矛状棘刺最长可达 40 厘米，是所有动物中最长的！这些棘刺本质上是演化后的毛发。豪猪的皮毛在演化的过程中经历了不同的形态，最初只是柔软的毛发，然后变成扁平的鬃毛，直至最后长出可伸缩的棘刺。当受到威胁时，这种啮齿动物会竖起浑身的棘刺，抖动尾部的硬刺发出嘎嘎的响声，同时用短腿踩跺地面，并发出嘶嘶的声音以示威慑。如果这些都还不够，它就会倒退着冲向攻击者，让对方感受一下被棘刺扎到的疼痛。

美食家

豪猪是素食者，以草本植物、树皮、树叶、树根和水果为食。

卡住

豪猪棘刺的尖端长有极小的倒钩，因此，被刺到的动物很难将这些棘刺从皮肤里拔出。

棘刺

团结之家

豪猪有固定的伴侣，常常是一个家族一起生活。豪猪的家族由父母、较大的幼仔和新生的幼仔组成。

后代

这种啮齿动物的棘刺并非从一开始就很坚硬。刚出生时，小豪猪身上的棘刺非常柔软，否则会把母亲弄伤。

动物小档案

豪猪

栖息地：稀树草原、开阔的森林、半沙漠、热带雨林

分布范围：亚洲、非洲、地中海沿岸、北美洲、南美洲

体长：55~77厘米

毒 鲉

毒鲉是毒性极强的海洋生物之一。它更喜欢栖息在海岸附近的浅海区域，通常出没于珊瑚礁、礁石和泥砂质的海底。由于生活在海床上，它的眼睛和大嘴巴都是朝上的，体色较深，表皮凹凸不平，因此它看起来很像一块石头。通常它的身上还覆盖着藻类，这样它就能更好地伪装自己。因此，毒鲉能近乎隐形地潜伏在岩石、藻类或沙砾之间，捕食小型鱼类或甲壳动物。一旦有猎物接近，它便会立刻张开嘴，把猎物吸入嘴里。

动物小档案

毒 鲉

栖息地：浅海

分布范围：印度洋、太平洋

体长：30～40厘米

毒 鲉

如果有能耐，你就把我找出来啊！

非常危险！

毒鲉是最危险的动物之一，也是世界上毒性最强的鱼类之一。它的背上长有棘刺，能释放出剧毒的毒液，这种毒液甚至能使人中毒死亡。

毒鲉几乎不游动，它通常一动不动地躺在海底等待着猎物。

独行动物

这种鱼最喜欢独自待着，只有在繁殖季，它才会去寻找同类。

伪 装

这些鱼伪装得非常好。只有仔细观察，人们才能辨认出它们。

难以置信！

对那些不小心踩到或触摸到毒鲉的潜水员和游泳者而言，毒鲉那身出色的伪装尤其致命。因此，澳大利亚研发出了一种能挽救生命的解毒剂。

星鼻鼹

星鼻鼹经常位列最丑动物排行榜的前十名，主要是因为它的鼻子长得太丑了：其鼻尖周围环绕着 22 条触手，这些触手在觅食时会不知疲倦地运动。它用这些凸起的触手以闪电般的速度扫过物体，将营养丰富的食物带进嘴里。这种鼹科动物最喜欢待在潮湿的土壤里，和其他鼹科动物一样，它也会挖掘长长的地下隧道，但它也是游泳健将和潜水员，既能在地面上觅食，也能在水中觅食。它的菜单上有蠕虫、螃蟹和昆虫。它必须大量进食——它每天吃的食物分量和自己的体重差不多！

知识加油站

- 除了水鼩鼱以外，星鼻鼹也是能在水下闻到气味的哺乳动物，这多亏了它那看上去很奇怪的鼻子。
- 在星鼻鼹鼻子周围的触手表面，分布着超个神经末梢。
- 动物王国中，几乎没有哪种动物的器官像的鼻子这样具有多种功能。科学家甚至怀也能用鼻子来感知其猎物的电磁场，这样的速度就会更快。

气泡

星鼻鼹甚至能在水下闻到猎物的气味。它会在鼻子前喷出气泡，然后再吸入这些气泡，这样它就能闻到水中的气味，立即知晓它附近是否有猎物。

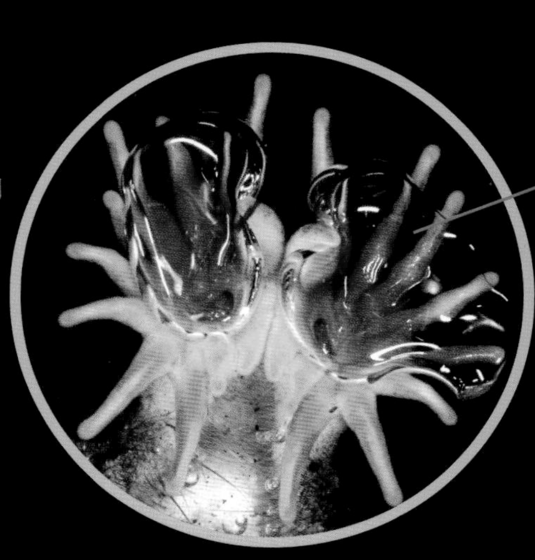

动物小档案

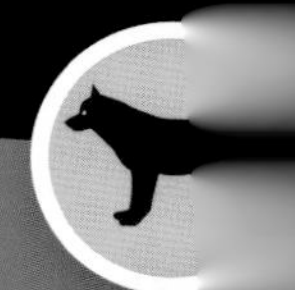

星鼻鼹

栖息地：湿地、河流、小溪等流动水域

分布范围：北美洲东部

体长：17~20厘米

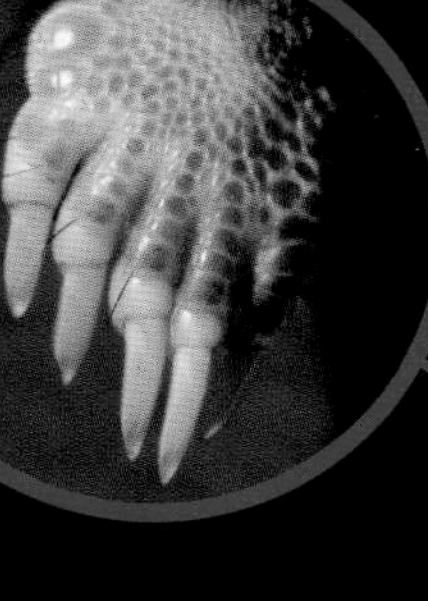

挖掘铲

星鼻鼹的脚掌上长有锋利的爪子。

纪录

13只

星鼻鼹一秒钟内就能触碰、识别并吞食13只猎物。在动物王国中，它是进食速度最快的捕食者之一！

双嵴冠蜥

双嵴冠蜥是鬣蜥家族的一员。这种绿色的蜥蜴体形纤细，背部有脊突，头部有两个冠状突起，它们也因此而得名。雄性双嵴冠蜥的脊突和头冠比雌性的大一些。这种昼行性动物主要栖息在靠近水源的树上。它们非常善于游泳和潜水。除了昆虫、蜗牛和青蛙以外，它们还吃体形较小的鱼类、水果和鲜花。如果它们感觉受到威胁，就会挺直身体，用两条腿飞快地逃跑。这种蜥蜴的奔跑速度很快，可达 7 千米 / 时！

雌性双嵴冠蜥

雌性双嵴冠蜥的脊突和头冠没有雄性的那么明显。

头冠

人们也将其称为头帆，因为它就像一片竖立在头上的风帆一样。

动物小档案

双嵴冠蜥

栖息地：热带雨林和热带季雨林中的流动水域

分布范围：中美洲

体长：最长可达90厘米

快——离开这儿！

奇特的脚

这种体形纤细的蜥蜴有着强壮有力的四肢和细长的脚趾，这样它就能在短时间内极快地在水面上飞奔。

尾部

尾部最长可达55厘米。

难以置信！

在遇到危险时，双嵴冠蜥能用后肢在水面上短时间奔跑。

绿头鸭

羽毛

绿头鸭将尾脂腺分泌的油脂涂抹在羽毛上，这样做可以让它在入水时羽毛不会沾水。

难以置信！

为了使双脚在冬天不会被牢牢地冻在结冰的水面上，绿头鸭进化出了一种叫作“逆流热交换”的血液循环系统。温暖的动脉血流到脚部的时候，就将热量传递给了静脉血管；而当脚部低温的血液再次流进鸭子身体时，又会被动脉血管温暖，有效防止热量散失。

这只绿头鸭正在小憩。它的喙在哪里呢？

绿头鸭是亚欧大陆和北美洲最为常见的一种鸭子。雌鸭的羽毛呈褐色，并不显眼，喙呈深色。漂亮的雄鸭则披着一身灰色的羽毛，头部呈绿色，闪烁着美丽的光泽，颈部有一圈白色的领环，喙呈黄色。不过，雄鸭会在夏季换羽，短短几周内，其外貌就变得和雌鸭非常相似。此时，人们就只能依靠喙的颜色来区分它们。交配后，雄鸭和雌鸭一起筑巢。一旦开始孵卵，雄鸭便会把照顾后代的后续工作全部丢给雌鸭。约 4 周后，雏鸭便会孵化出来，它们在出生数小时后就能离开巢穴，去追随它们的母亲。

动物小档案

绿头鸭

栖息地：淡水水域

分布范围：北极地区以外的北半球

体长：约60厘米

潜入水中

这是绿头鸭将头伸进水里觅食的一瞬。当绿头鸭突然潜入水中时，人们只能看到它们的尾巴和脚。它们也会在淤泥里寻找食物。

鸵 鸟

你知道吗？

鸵鸟遇到危险时根本不会把头埋进沙子里，而是尽可能将头低垂到与地面平行，使自己看起来不怎么显眼。

在繁殖季，一只雄鸵鸟会与多只雌鸵鸟交配，雄鸵鸟和雌鸵鸟会一起照顾卵。

动物小档案

鸵 鸟

栖息地：沙漠和半沙漠、稀树草原

分布范围：非洲

体长：体高1.8～3米

非洲鸵鸟是世界上体形最大、体重最重的鸟类。雄鸵鸟的体重可达 150 千克以上，这样的重量让它不可能飞行。不过，鸵鸟的大翅膀并不是毫无用处，在奔跑时，鸵鸟能用其保持平衡或减速。鸵鸟强壮的双腿不仅适合快速奔跑，也能用来防御敌人的进攻，毕竟它的脚上长着长长的脚趾。一旦被鸵鸟踢到要害部位，甚至连狮子都会丧命。鸵鸟是杂食动物，主要以植物为食，但有时它们也吃昆虫和小型动物。由于鸵鸟像所有的鸟类一样没有牙齿，所以它们会吞食一些石子，用来磨碎胃里的食物以帮助其消化。

强壮的双腿

鸵鸟的腿肌肉发达，步幅有3～5米。

纪录

70 千米/时

鸵鸟奔跑的速度可达70千米/时，是奔跑速度最快的两足动物！

巨大的脚趾

鸵鸟每只脚上有两个脚趾，前脚趾的顶端长着一只巨大的尖爪。它靠两个脚趾也能奔跑。

动物小档案

臭 鼬

栖息地：森林、空旷的草地、沙漠

分布范围：北美洲墨西哥以北的广大地区

体长：约50厘米

醒目的黑白色皮毛已经发出了警告信号：注意！你最好别惹我！

难以置信！

臭鼬喷出的臭液最远可达3.5米。它总是瞄准攻击者的脸部，但如果距离近一些，它会瞄得更准。

臭鼬的天敌很少，多数动物只要一闻到它喷出的臭液就会远离。由于臭腺位于臀部，因此，如果它遭到攻击，它就会转身将臀部朝向攻击者，并抬起尾巴。此外，它还会一边跺脚一边龇牙，只有当这些威慑手段都没有效果时，它才会使用臭液这个武器。臭鼬通常白天待在地下的洞穴里，只在夜晚才出来活动。它们是杂食动物，猎物多种多样，包括蚯蚓、老鼠和蛇，也吃坚果和水果。

后 代

雌性臭鼬每胎最多产10只幼仔，幼仔会在母亲身边待大约一年。约5周大时，幼仔就长出臭腺，但几周后分泌的液体才会开始发臭。

攻 击！

这种臭液闻起来像烧焦的

孔雀蛱蝶

防身图案：攻击者会将孔雀蛱蝶翅膀上的斑点看成大型动物的眼睛。

动物小档案

孔雀蛱蝶

栖息地：林地、草地、农地、花园，低地至海拔2500米的地区

分布范围：亚洲、欧洲

翅展：约6厘米

孔雀蛱蝶很常见。这种蝴蝶在洞穴、地窖、阁楼或其他能藏身的地方越冬。从温暖的三月起，它们会出现在花园、公园或稀疏的森林里。这种蝴蝶对食物并不挑剔：春季和夏季，它们飞向各种各样的鲜花；秋季时，它们也吃水果。但孔雀蛱蝶的幼虫主要吃荨麻，因此，雌性孔雀蛱蝶会把卵产在荨麻的叶片上，这样幼虫孵化出来后能立即吃到喜爱的食物。

❶幼虫吃得很多，会蜕好几次皮。

❷约4周后，它们变成蛹，倒挂在植物上。

❸在蛹的保护下，一只蛱蝶已发育成熟，它正破蛹而出。

❹它在风中将自己吹干，并舒展翅膀，然后就飞走了。

你知道吗？

孔雀蛱蝶有两种防御技能。其翅膀背部又大又圆的斑点看起来很像眼睛，会对捕食者起到威慑作用。当孔雀蛱蝶合拢翅膀时，翅膀腹部呈棕色，毫不起眼，它看起来就像一片干枯的叶片，这样它就能很好地伪装起来。

斑纹须鲨

斑纹须鲨生活在温带和热带海域的浅海区。由于它们的身躯十分平坦，因此看起来并不像典型的鲨鱼，其外形和身上的斑点能让这种食肉性鱼类很好地伪装自己。不同种类的斑纹须鲨身上有不同的斑点或条纹，其头部周围长着长长的、毛茸茸的须状物，很像漂浮在水中的海藻，这样能帮助它吸引猎物。白天，这个善于伪装的捕食者通常潜伏在珊瑚礁和岩石中，只有在黄昏时它才会变得活跃起来。斑纹须鲨的幼鲨是卵胎生，在母体内发育后才脱离母体。

动物小档案

斑纹须鲨

栖息地：海洋

分布范围：澳大利亚南部海域

体长：最长可达3.2米

在海底呼吸

斑纹须鲨的眼睛后面有呼吸孔，它靠呼吸孔吸入水，并从中提取氧气。不同于其他种类的鲨鱼，它不用游动就能呼吸。

你知道吗？

斑纹须鲨是很会伏击的捕食者。它们伪装得很好，在海底耐心等待猎物，然后以闪电般的速度捕捉猎物。

等待中

斑纹须鲨耐心地等待猎物的到来，猎物几乎无法发现它的存在。当猎物靠得足够近时，它就会突然张开嘴，将下颌向前推，形成一股吸力。于是，猎物就被吸入斑纹须鲨嘴里。

完美的伪装

斑纹须鲨在游动时也伪装得极好。它看起来就像珊瑚礁间的一块石头，毫不显眼。

斑纹须鲨宽大的嘴边长有毛茸茸的须状物，它能靠这些须状物嗅探和触碰食物。

难以置信！

斑纹须鲨主要以鱼和螃蟹为食。当小鲨鱼游近它的嘴时，也会被斑纹须鲨吃掉。

眼斑冢雉

眼斑冢雉有一种特殊的天赋：它能用喙中的舌头准确地感知自己的孵化冢的温度！不同于其他种类的冢雉，这种鸟不会自己孵卵，而是利用植物发酵产生的热量孵卵。首先，雄眼斑冢雉会挖一个大约 1 米深的坑，并在上面铺满树叶，如果树叶因下雨变得潮湿，它就会再撒上沙子。当树叶开始发酵时，孵化冢内的温度就会升高。此时，雄眼斑冢雉会反复测量温度：当冢内温度已适合孵卵时，雌眼斑冢雉就会将卵产入孵化冢里；在孵化出雏鸟之前，雄眼斑冢雉会保证孵化冢内的温度不变；如果天气太暖和，它会挖气孔，如果天气太冷，它就会添加沙子。

你知道吗？

树叶堆积的孵化冢内温度必须达到 34℃，这样眼斑冢雉才能在里面产卵。

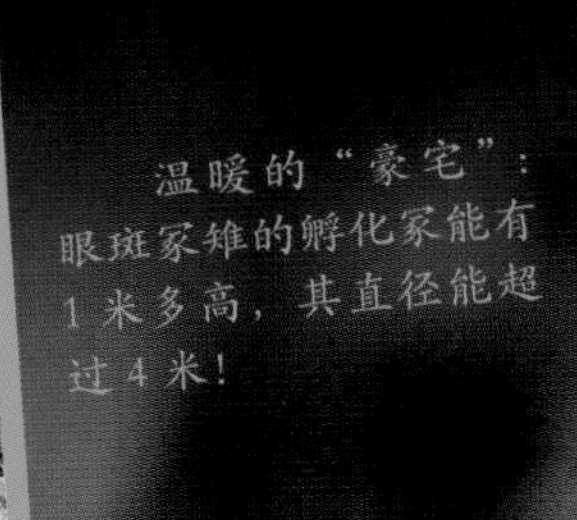
温暖的“豪宅”：眼斑冢雉的孵化冢能有 1 米多高，其直径能超过 4 米！

动物小档案

眼斑冢雉

栖息地：开阔的灌木丛、森林

分布范围：澳大利亚西部和南部

体长：约60厘米

温度计

眼斑冢雉的喙很短，它能通过舌头灵敏地感知温度变化，雄眼斑冢雉能用其测量孵化冢内的温度。

勤劳的爸爸

雄眼斑冢雉非常忙碌，它要挖坑，把树叶埋进去，在上面铺沙子，检查温度。

汤氏瞪羚

汤氏瞪羚是群居动物，会聚集在一起形成族群。一个族群可由几百只瞪羚组成！

雄性还是雌性？

雄性瞪羚的角长约 30 厘米，雌性的角更短、更纤细。

你知道吗？

汤氏瞪羚是牛科动物中为数不多的一年可生两胎的羚羊。

娇小纤瘦的汤氏瞪羚有许多天敌，比如狮子、猎豹或鬣狗。为了逃生，它只能拼命奔跑。瞪羚拥有灵敏的耳朵和锐利的眼睛，靠这双眼睛，它能看到很远的地方。它们在族群中生活，主要以草为食。它们通常在凉爽的早晨和夜晚出来寻找食物和水。小瞪羚在雨季出生，此时的稀树草原能给它们提供充足的食物。出生后的 3 周里，小瞪羚被很好地藏在高高的草丛中，吮吸母亲的乳汁。不久之后，它就长得足够强壮，能跟随族群活动了。

最高时速可达 60 千米 / 时

难以置信！

除了猎豹以外，瞪羚是稀树草原上跑得最快的动物之一。其最高时速可达 60 千米 / 时，而且它还能在奔跑中多次改变方向——因此，它能摆脱耐力不足的猎豹的追捕。

动物小档案

汤氏瞪羚

栖息地：草原
分布范围：非洲中部、东部
体长：约1.2米

鮟鱇

锋利的牙齿

深海中的猎物不多——因此，一旦发现了猎物，最好立刻抓住它们！深海中的鮟鱇长有许多像匕首一样锋利的尖牙。它的胃也极具弹性，因此，它甚至能吃掉比自己更大的鱼！

不同种类的鮟鱇栖息于300至4000米的深海中。海面1000米以下的环境十分极端，这里一片漆黑，没有一丝光线，温度在2～4℃，食物短缺。在这种情况下，为了能捕捉到猎物，鮟鱇会通过发光来吸引猎物。它之所以会发光，是因为其背鳍延伸成为一个特殊的发光钓竿，可以产生微弱的光亮。如果有鱼把亮光当成了猎物而凑到附近，鮟鱇只需要张开大嘴，露出长长的尖牙，将美味的食物吸入它的嘴里。

闪闪发光的“钓竿”

深海中的鮟鱇有100多种。

动物小档案

鮟 鱇

栖息地：多数生活在深海海底

分布范围：几乎全球海域

体长：50厘米以上

有趣的事实

深情一对！

当一只雄性鮟鱇遇到雌性鮟鱇时，它们便会融为一体。渐渐地，体形较小的雄鱼身上所有重要的器官都会退化，它只能从雌鱼的血液中获取养分，过寄生生活。

幼鱼

漂浮到水面

鮟鱇的鱼卵会漂浮到海面上，幼鱼发育成熟后，它们才会返回深海。雄鱼的体形比雌鱼要小得多。

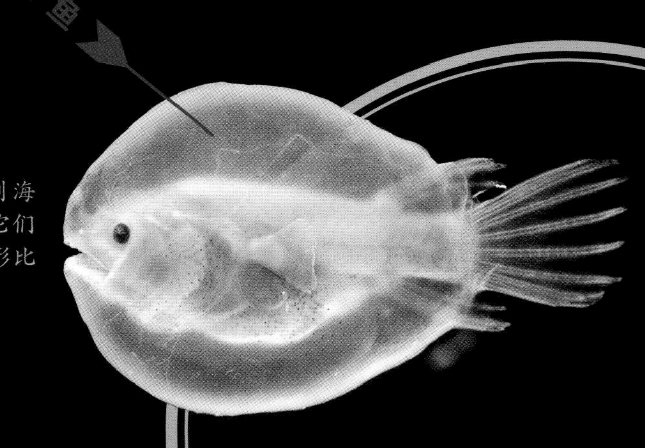

虎

早期的练习

老虎生活在自己的领地里。雄性老虎长大后要寻找自己的领地，必须与年长的雄虎进行争斗。因此，和兄弟姐妹一起玩耍时，它们需要勤奋地练习！

动物小档案

虎

栖息地：温带森林、针叶林、热带雨林、热带季雨林、山地、高原

分布范围：亚洲

体长：1.4~2米

白虎

人们只会在动物园里或电视上看到长着白色皮毛的老虎，在荒野中几乎没有白虎的踪迹。它们几乎都是由人类专门培育的。在野外，白色的皮毛有一个很大的弊端——白虎没法像它们深色皮毛的同类那样把自己伪装得很好。

纪录

2.9米

东北虎，又名西伯利亚虎，最长可达2.9米，是世界上体形最大的猫科动物。

虎俗称老虎。老虎黄色的皮毛上有黑色条纹，在森林中近乎隐身。这个捕食者经常潜伏在河岸边，等候前来饮水解渴的动物。它会蹑手蹑脚地悄悄靠近猎物。当距离足够近时，它就会飞跃起来，精准地咬住猎物的脖子。老虎只在交配期间寻找伴侣，通常独自在领地上徘徊。幼虎会在母亲身边待大约一年半。刚出生时，幼虎的眼睛看不见东西，耳朵也听不到声音，体重不超过 1.2 千克。但它们长得很快！约 6 个月后，它们就能跟随母亲去捕食了。

你知道吗？

生活在野外的老虎只有约5000只，它们主要的威胁来自栖息地被破坏以及人类的捕杀。

双峰驼

储存能量

双峰驼的驼峰中储存着重要的脂肪。

人们可以通过双峰驼背部的两个大驼峰来识别它们。双峰驼将脂肪储存在驼峰里，当食物短缺时，它会将其作为储备能量。双峰驼还有“沙漠之舟”的美誉，它非常适合在干旱地区生活：它的睫毛长而浓密，鼻孔能闭合，这样就能抵御沙漠里的风沙。此外，它还能几天不饮水。在有水源的地方，它能在10分钟内喝下超过150升——相当于满满一浴缸的水！它对食物的要求不高：能吃咸的、坚硬的，甚至多刺的植物，并且不会对自己造成任何伤害！

骆驼被当作家畜来驯养。

美洲驼非常喜欢群居，但它们在争夺统治地位的斗争中会互相吐口水！

单峰驼很早以前就被人类所驯服，野生的单峰驼已经灭绝了。如今，在澳大利亚生活着一些人工饲养后再次被野化的单峰驼，已形成一定规模的野生种群。

你知道吗？

双峰驼有一个很大的亲族！骆驼家族还包括单峰驼和美洲驼，美洲驼包括羊驼、原驼等。

崖海鸦

崖海鸦在陆地上行走时很笨拙，但崖海鸦是一个很棒的飞行员和潜水员。崖海鸦捕猎时一般会潜入水下数米深处，必要的话，部分崖海鸦还能潜入水下 180 米深的地方！崖海鸦觅食的时候会先把头探入水中寻找鱼的踪迹，只有当它发现大量小鱼后，才会潜入水下。崖海鸦大部分时间都生活在海面上，体形和鸽子差不多大。只有在繁殖季，崖海鸦才会上岸。当崖海鸦开始脱羽并更换羽毛时，它们会有约 50 天不能飞行，只能游泳和潜水。

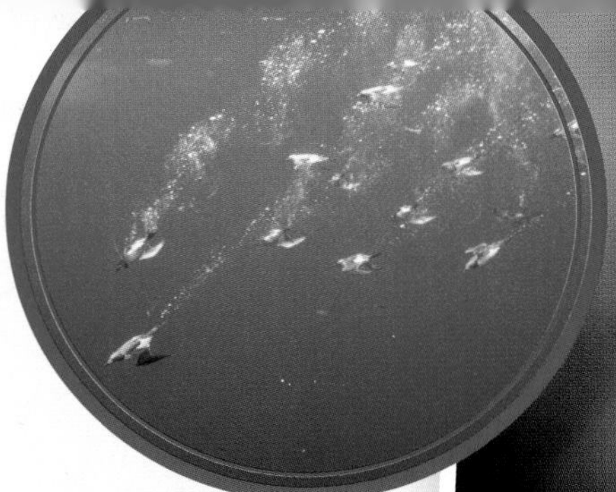

对勇气的考验

每年6月中旬至7月的黄昏时分，赫尔戈兰岛上就会出现所谓的“崖海鸦跳”。还不会飞行的小崖海鸦从高高的山崖上跳入水中。在这勇敢一跃之后，小崖海鸦就能成功待在海上了。

动物小档案

崖海鸦

栖息地：海岸、海边悬崖、海洋

分布范围：北极圈附近的北大西洋、北太平洋

体长：约40厘米

一起生活

在繁殖季，崖海鸦聚集在海岸边的悬崖上，看起来密密麻麻一大片。

难以置信！

崖海鸦直接在悬崖边上产卵，但崖海鸦蛋并不会滚入深渊。这得归功于崖海鸦蛋的特殊外形。崖海鸦蛋重心低，像不倒翁，一头浑圆，一头较窄，大风吹来时这些蛋就原地转圈，不会掉下去。

雕鸮

动物小档案

雕 鸮

栖息地：森林、山区

分布范围：亚洲、欧洲、非洲北部

体长：可达70厘米

雕鸮也被称为"暗夜之王"，它一般在黄昏时分或者夜晚出来捕猎。

无声的飞行

雕鸮飞行的时候几乎悄无声息。这是一件好事，因为猎物的警惕性都很强。

雕鸮是地球上体形最大的猫头鹰，它喜欢在夜晚活动。雕鸮在求偶时会发出"呜呼"的鸣叫，叫声能传到千米之外。雕鸮是一个娴熟的捕食者，它不仅能在空中撕碎猎物，还能抓住在地上逃跑的田鼠。飞行时，雕鸮最多能携带重量相当于自身体重三分之二的猎物。除体形较小的各种鼠类外，雕鸮的菜单上还有绒鸭和小兔子。成年雕鸮几乎没有天敌，但雕鸮宝宝的处境并不安全，幼小的雕鸮宝宝容易成为狐狸的猎物。

你知道吗？

作为典型的夜行捕食者，雕鸮的听觉非常发达。即使相隔很远，雕鸮也能在黑暗中精准锁定田鼠的位置。

难以置信！

雕鸮的眼睛无法转动，因为它的眼睛是牢牢地嵌在眼窝里的。但雕鸮的头能270度自由转动，以此来保持良好的视野！

雕鸮宝宝

雕鸮宝宝披着一身灰色的羽毛。等到约10周大时，它们就会飞行了。

雕鸮最醒目的特征就是它那宽大的头部、头顶长长的像耳朵似的两撮耳羽和闪亮的眼睛。雕鸮是色盲，它不能分辨颜色。雕鸮的眼睛特别大，视网膜上分布了许多受体，因此即使在光线很差的环境里，它仍能清楚视物。

蠵 龟

蠵龟是真正的定位高手，它的体内有一种类似磁铁的物质。依靠这种物质，蠵龟甚至能感应到环绕于地球周围的磁场最细微的强度差异。因此，它在海洋中迁徙时总能清楚知晓自己的位置。蠵龟善于潜水，最多能在水下逗留 4 小时，并能潜至水下 100 多米深处。雌龟产卵时会爬到沙滩上，将卵埋进沙子里。幼龟破壳后，会尽快爬入海里。期间，幼龟会利用月光反射在海面上形成的闪烁光亮找到大海的方向。

难以置信！

蠵龟有很强的思乡情结，它会在时隔 20 年后长途迁徙近 20000 千米，只为回到自己出生的海滩。它在这里破壳，也会把自己的卵埋在这里。

➔ 你知道吗？

蠵龟是濒危动物。每到筑巢季节，蠵龟会爬上海滩产卵，当地人会自发保护蠵龟的产卵地，禁止游客进入。

1，2，3……从卵里出来！

雌龟在沙坑里产下将近 200 枚卵。同一窝的蠵龟宝宝会同时孵化出来，然后它们必须独自面对考验。

动物小档案

蠵 龟

栖息地： 外海和浅海

分布范围： 热带、亚热带和温带海域

体长： 约1米

筑巢的地方

幼龟出生后要自己找到回大海的路，它们往往会在夜间行动，在此期间不能被人造光源干扰，否则它们就无法回到大海。

蝰 鱼

蝰鱼是一种小型深海鱼，通常在海面下 500 至 3500 米的深处活动。它一般白天待在深海处，夜里游上来觅食。蝰鱼的下颌长有极长的、向后弯曲的尖牙，即使它闭着嘴，这些尖牙也会凸出来。这种食肉性鱼类在等待猎物时会张大嘴并几乎不动。蝰鱼的眼睛很大，对光线非常敏感，它能依靠双眼分辨海洋中其他生物的动静。当有猎物靠近时，它会一口将其吞掉。跟蝰蛇一样，蝰鱼的下颌也能张大，因此蝰鱼可以吞下比自己更大的鱼！

背鳍

难以置信！

蝰鱼的身体上覆盖着许多可以发光的器官。它的背鳍末端闪闪发光，通过摆动长长的背鳍可以吸引猎物。如果有人碰它一下，它全身都会开始发光！

你知道吗？

蝰鱼的眼睛后面也有发光器官。这些像探照灯一样的发光器官，可以将猎物吸引过来，并将猎物的行动照得清清楚楚。

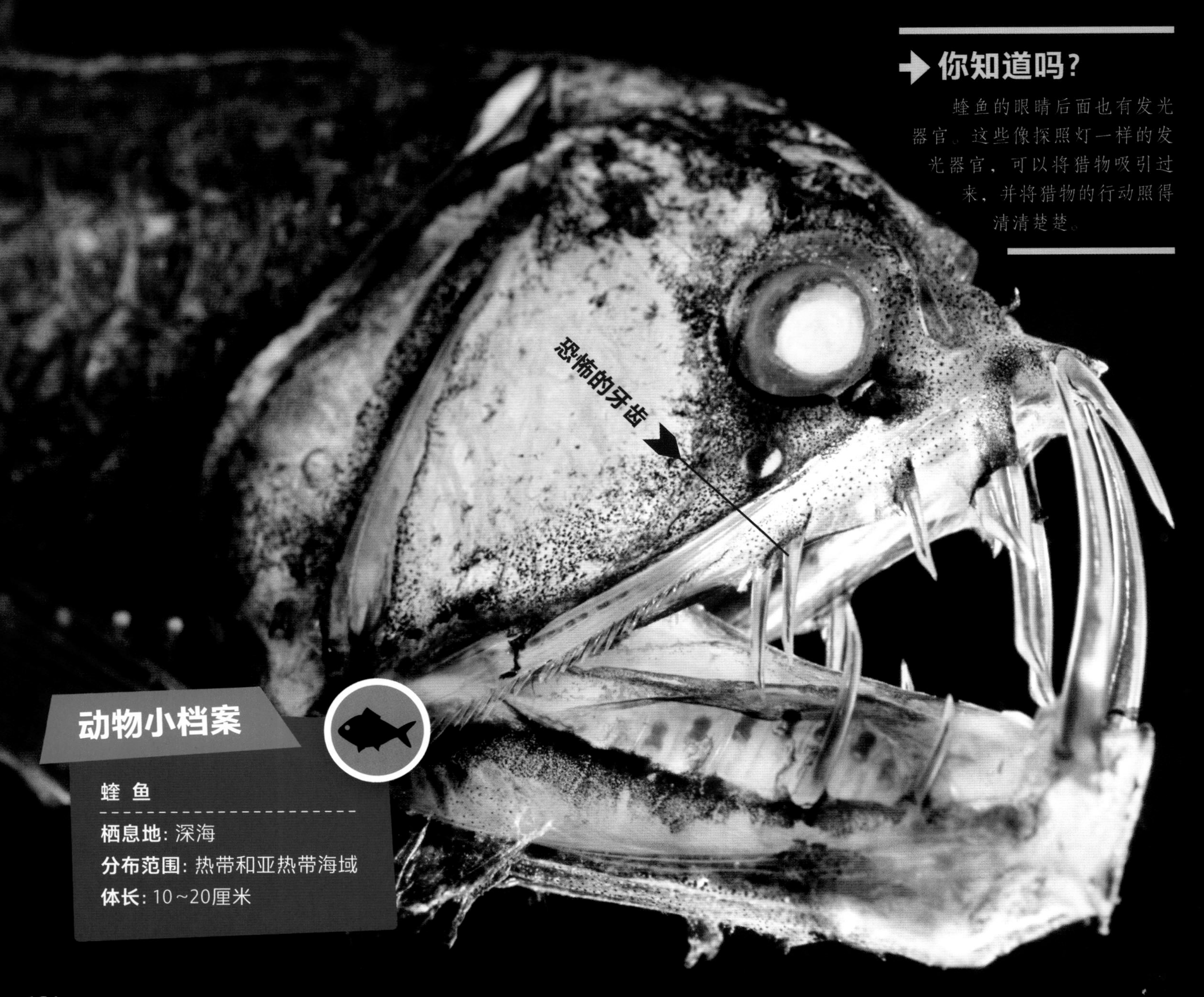

动物小档案

蝰 鱼

栖息地： 深海
分布范围： 热带和亚热带海域
体长： 10～20厘米

木 蛙

木蛙主要栖息在潮湿的森林地区。它有各种不同的颜色，包括红色、棕色、灰色和绿色。木蛙有一个非常显著的特点，那就是它们身上从鼓膜一直延伸到前肢基部的黑色斑块，让人想起强盗的面具。在干旱的时候，雌蛙喜欢将卵产在断流的河中。一个木蛙卵团可由多达 3000 枚卵组成。更神奇的是，到了冬天，这种两栖动物会躲进层层叠叠的树叶里，渐渐地让自己被冰雪冻住。等天气转暖，木蛙又会在几天或几周内自然解冻，恢复活力。

知识加油站

- 木蛙又被称为“冰蛙”——是不是很神奇？木蛙能承受冬季0℃以下气温的考验，因为它可以生成一种由糖和尿素混合而成的防冻剂。
- 木蛙最低能承受-10℃的温度。此时，木蛙全身超过三分之一的部分会被完全冻结。

动物小档案

木 蛙

栖息地：森林

分布范围：北美洲

体长：3.5~8厘米

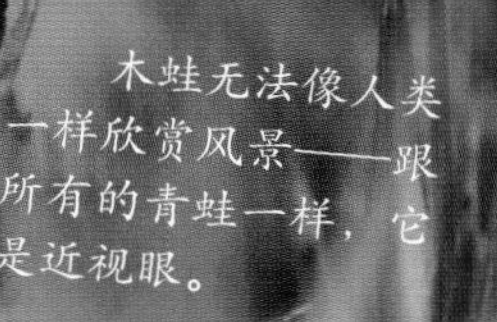

木蛙无法像人类一样欣赏风景——跟所有的青蛙一样，它是近视眼。

下雪了！

快点儿！这只木蛙的行动有点落后，已经下雪了——它该早点找个庇护所的。

难以置信！

越冬期的木蛙，心脏会停止跳动，它的大脑和其他器官也会停止活动。此时的木蛙理论上已经死了。不过，冻住木蛙的冰晶其实都是在木蛙的皮肤下面形成的，体内器官的细胞不会结冰。因此，解冻后木蛙又能继续活过来！

雄蛙紧紧抓住雌蛙的背部，它们一起到水里去产卵。

隐 鹮

隐鹮曾一度分布很广，但在约 300 年前，它从欧洲消失了。今天，仍在野外存活的隐鹮数量非常少。隐鹮披着一身狂野的羽毛，头部呈暗红色且没有羽毛，它的喙较长且向下弯曲。记住上述特征就绝不会将隐鹮认错。这种动物喜欢群居：它们通常在族群中繁衍生息，将巢穴建在陡峭的海岸或岩壁上。雄鸟和雌鸟会一边大声鸣叫一边鞠躬，它们用这种方式相互问候。秋天，这种候鸟以典型的“V”形队列飞到越冬地。为了顺利完成艰辛的旅程，它们会轮流去当“V”形的尖尖——每只隐鹮都需要承担辛苦的领头任务。

飞机来领飞

在一架超轻型飞机的带领下，由人类照料长大的隐鹮正排队飞往越冬营地。飞机领飞是为了帮助它们熟悉迁徙路线。

难以置信！

大多数鸟类的喙仅由无知觉的角质构成，但隐鹮的喙是触觉器官，不仅血液流动通畅，而且还非常敏感。隐鹮正是通过喙来探测并寻找地上的蠕虫。

回到荒野

隐鹮曾差点完全灭绝，在很长一段时期内，隐鹮因肉质鲜美而被人类大量捕杀。目前，隐鹮仍在世界自然保护联盟公布的濒危鸟类名单上。为了防止情况继续恶化，野生动物保护专家已经开始行动，包括开展隐鹮野化项目，这个项目已经进行了一段时间，希望可以帮助这种独特的鸟重返野外。

隐鹮的主要食物是昆虫，但它也吃蜗牛和小型哺乳动物。

动物小档案

隐 鹮

栖息地：沙漠和半沙漠、草原、灌木丛、海岸、山崖

分布范围：非洲北部、西亚

体长：70～80厘米

黑掌树蛙

滑翔高手

黑掌树蛙的趾间有大大的蹼膜。为了从一棵树飞到另一棵树上，它会张开脚趾，让自己在空中滑翔。

动物小档案

黑掌树蛙

栖息地：热带雨林、沼泽
分布范围：东南亚
体长：约10厘米

黑掌树蛙，别名华莱士飞蛙，它们的家在东南亚的热带雨林中。黑掌树蛙的背部是绿色的，还带有白点，腹部呈黄色，脚趾也呈黄色，脚趾之间有黑色的蹼膜。它们通常停留在较高的树上，那里更方便捕食昆虫。强降雨过后，黑掌树蛙会飞到较低的树上抱对和产卵。雌蛙会分泌出一种液体，并用后肢将其打成泡沫；接着，它用这些泡沫团做成一个巢穴，并在里面产卵；然后，再由雄蛙给这些卵授精。

纪录

20米

一只成年的黑掌树蛙最远能滑翔20米。

泡沫巢穴

你知道吗？

雌性黑掌树蛙将卵产在自己建造的泡沫团内，这个泡沫团会被挂在离水面不远的叶片上。小蝌蚪孵化出来后，就会自然而然地掉进水里。这样一个泡沫巢穴里面可以容纳800枚受精卵。

攀爬高手

黑掌树蛙的脚趾末端有吸盘，这能帮助它攀爬。

海象

海象是游泳健将。海象的四肢呈鳍状，后肢能弯向前方，因此它也可以在陆地上快速行动。海象身上的脂肪厚达 15 厘米，可以保证它长时间潜水也不会被冻僵。海象的獠牙非常厉害，它能用獠牙在冰上砸出呼吸孔。而且，这副獠牙还是它抵御敌人的利器。不过在寻找食物时，这副獠牙就有点太长了。为了寻找贻贝、虾以及其他美味的食物，海象会用口鼻和鳍状肢搅动海底的沉积物。它们用嘴唇撬开食物坚硬的外壳。此外，海象还捕食乌贼、海参，有时甚至还会捕食海豹。

一头成年雄性海象的獠牙最长可达 1 米。

海象的触须多达 700 根，且很敏感，这能帮助它在海底寻找食物。

动物小档案

海 象

栖息地：海岸、海面冰层、浮冰、海洋

分布范围：北极地区

体长：2.9～4.5米

海象是群居动物。一个族群通常由一头雄性海象、若干头雌性海象和海象幼仔组成。

海象通常潜入水下觅食，它能轻轻松松潜入水下 100 米处。

纪录

2000千克

成年雄性海象的体重可达2000千克。

叶 蝌

叶蝌这个名字名副其实。当叶蝌趴在树上时，你必须仔细观察才能把它与真正的树叶区分开来。叶蝌是真正的伪装大师，它通过这种方式保护自己免受捕食者的侵害。

像所有的竹节虫一样，叶蝌这种拟态大师非常善于伪装！它不仅能模仿绿叶的外观，身上甚至还有轻微的枯斑，让人很难将它与真正的树叶区分开来。叶蝌的繁殖方式比较特别，不一定需要雄性叶蝌参与。雌性叶蝌可以直接产下未受精的卵，这些卵会克隆母亲的基因长大。因此，雌性叶蝌的数量要比雄性叶蝌多得多！刚孵化出的叶蝌幼虫看起来和成虫很相似，但幼虫的外表呈红褐色。第一次蜕皮后，幼虫的外表才会逐渐变绿。8 ~ 10 个月后，幼虫就能发育为成虫了。

有趣的事实

心中有一片树叶

如果装有叶蝌的培养箱里没有风，你还能在培养箱的观察窗前看到一片树叶在摇曳，请不要太惊讶，因为叶蝌很擅长模仿树叶随风而动的样子。

叶蝌通常喜欢在夜晚活动。为了避免引人注意，它们的移动速度特别缓慢。

动物小档案

叶 蝌

栖息地：灌木丛、原始森林
分布范围：东南亚、印度
体长：约10厘米

难以置信！

如果叶蝌的某条腿被鸟或其他天敌咬断了，通常都可以再生长出来！

游隼

难以置信!

游隼的俯冲速度可达 389 千米 / 时，它是世界上俯冲速度最快的动物! 此外，它的体形在隼科动物中也不容小觑。

游隼一部分为留鸟，一部分为候鸟。一些游隼在冬天从北极筑巢地迁徙到南美洲，往返距离超过 24000 千米。

敏锐的视力

游隼有一双特别厉害的眼睛，能帮助它快速发现猎物。它能看清 3000 米以外发生的事情，并能在这个距离内准确识别出一只鸽子。

游隼是优秀的空中猎手。捕猎时，游隼以极快的速度向下俯冲攻击猎物。它那锋利的爪子和有力的喙都是超强武器。但游隼通常不需要使用这些武器，因为在高速冲击下，猎物已经被它撞死了。游隼的菜单上几乎只有中小型鸟类，例如鸽子。游隼在采石场、塔楼或岩石缝隙中筑巢。游隼在雏鸟学会飞翔后，还会继续喂养雏鸟 3 ~ 4 周。游隼常常会活捉猎物并带回来，然后当着雏鸟的面故意放走猎物，以此训练雏鸟的捕猎技能。

尺寸差异

雄性游隼的体长一般为 38 厘米，明显小于雌性游隼，雌性游隼的体长可达 50 厘米。

你知道吗?

游隼在俯冲时不用闭眼，它的眼睛外面有一层半透明的眼睑，叫瞬膜。在开始俯冲前，瞬膜就会遮住眼睛，防止空中的各种小颗粒落到眼睛里。

动物小档案

游隼

栖息地: 森林、草地、山地、丘陵、半沙漠

分布范围: 几乎全球陆地

体长: 38~50厘米

疣 猪

疣猪，正如它的名字一样，脸上有着非常显著的疣。雄性疣猪脸上的疣明显比雌性疣猪的大一些。疣猪和野猪不同，它们是昼行性动物。夜间及中午温度较高的时候，它们会回到洞穴里休息。疣猪通常会倒退着进入洞中，这样它就能继续观察周围的环境并在发现敌人时迅速反击。疣猪的獠牙能很好地保护自己，还能用来驱赶猎豹！雌性疣猪一窝能生下多头幼仔，且一般与幼仔一起生活，有时雌性疣猪也会和一头雄性疣猪一起生活。雄性疣猪一般会联合起来组成单身群体，或独自生活。

你知道吗？

疣猪是杂食动物，会吃草、植物块茎等。吃草的时候，疣猪会前腿跪着前行。

有趣的事实

“非洲广播电台”

遇到危险时，疣猪会将尾巴竖起来，像天线一样。因此，它还有个绰号叫“非洲广播电台”。

小心，这里有疣猪！这种长腿动物偶尔也会在公路上晃悠。

疣猪的背部和两颊上长着长长的鬃毛。这头雄性疣猪看起来似乎特别骄傲。

动物小档案

疣 猪

栖息地：稀树草原

分布范围：非洲

体长：0.9~1.5米

浣熊

夜行性动物

浣熊是杂食动物，它甚至喜欢吃人类扔的食物垃圾。那么，就祝它吃得开心吧！

难以置信！

在某些城市，浣熊的存在已经变成了一场真正的灾难。它们闯进带有花园的房屋、阁楼，甚至还会穿过猫门进入人类居住的房子。一旦浣熊在房子里找到食物，它们就会一次又一次地回来，它们的强盗之旅可能会给当地人造成巨大的损失。

浣熊面部的毛发带有黑色斑纹，看起来像个小土匪。

动物小档案

浣 熊

栖息地：森林、湿地、城市

分布范围：北美洲、中美洲

体长：65~75厘米

浣熊的适应性很强，所以越来越多的城市里出现了它们的身影。在城区生活的浣熊，晚上会四处闲逛觅食，跑到人类居住的房子里，甚至还会在垃圾桶里翻找食物！而生活在自然保护区的浣熊，则喜欢在河岸或湖边寻找螃蟹、幼虫和小鱼等美食。浣熊也会捕食鸟类和老鼠。它是一位优秀的游泳健将和敏捷的攀爬高手，不过它经常躲在树洞里睡觉。最初，浣熊只分布于美洲。直到20世纪20年代，人们为了获取浣熊的皮毛将其带到其他国家养殖。有些浣熊从养殖的地方逃脱了，于是就在城市或者郊区安家，成了本地物种。

树上的床

浣熊是真正的攀爬高手❶。树上不仅有美味的树叶和小鸟，还有它们白天睡觉的“床”——树洞❷。

浣熊会在树洞里产下幼仔。

知识加油站

浣熊之所以叫浣熊，是因为它们经常会把食物放在水中洗涤。但这是一个美丽的误会，浣熊这么做是因为它们的前爪上有一层角质层，时不时浸水有助于软化角质层，增强前爪的触觉。

水黾

水黾用极细的腿支撑着自己在水面上飞奔，并捕食掉进水里的昆虫。水黾不是真的会“水上飞”，而是被水的表面张力托住了。它的后腿和中腿相距比较远，所以看起来像个大大的“X”。这样水黾就能将已经很轻的体重分布在尽可能大的面积上。为了让自己在水面不下沉，水黾必须保持身体干燥。因此，它的身体和腿上布满了具有疏水性的刚毛。此外，水黾还能分泌一种具有防水性的油脂，它会通过摩擦把这种油脂涂在自己的腿上。水黾用腿在水面制造微小的旋涡，借助旋涡的推力在水面移动，看起来就像在水上滑行。

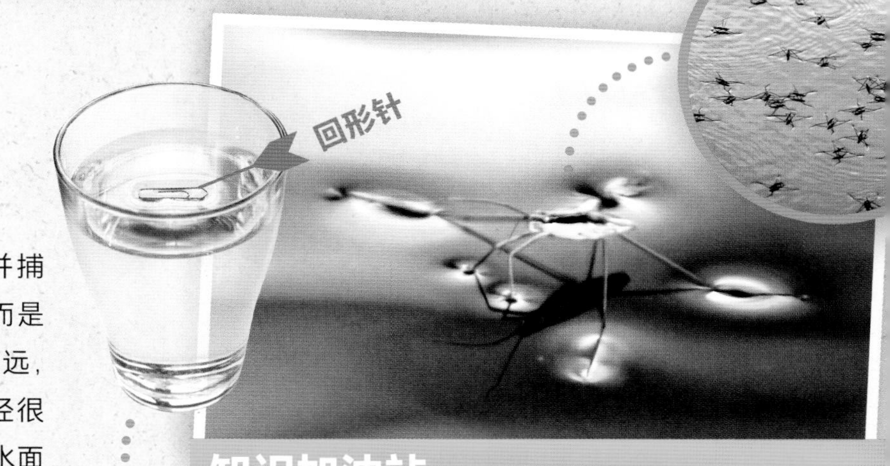

知识加油站

水的表面张力很大，甚至能托起回形针。但如果在水中加入一些洗涤剂，改变水的张力，那么回形针和水黾都会下沉。

刚刚孵化出来

水黾将卵产在水下的植物上。约两周后，幼虫就能孵化出来，此时的幼虫看起来几乎是透明的。蜕了几次皮后，幼虫就长大为成虫，成虫就可以开始繁衍后代了。

水黾通过腿关节感知猎物在水面产生的波纹。

难以置信！

遇到危险时，小小的一只水黾能迅速在水面上跳出 30 多厘米远！

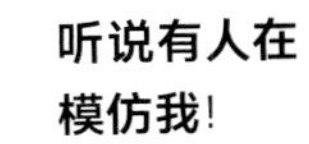

你知道吗？

水黾的三对腿长度不一，功能也不同。它的前腿很短，能捕捉猎物。后腿用于控制方向，中腿则用来驱动整个身体。

动物小档案

水 黾

栖息地：静水、水流较缓的水域

分布范围：亚洲、欧洲

体长：8~20毫米

织叶蚁

难以置信！

织叶蚁的力气大得惊人。它们头朝下倒挂着都能承受自身体重 50~100 倍的重量！

再来一小块……

织叶蚁的脚上长着带有黏性的脚垫。这样它就能牢牢地吸附在几乎所有物体的表面，并顺利攀爬。

织叶蚁主要栖息在热带地区，它们通常在树上筑巢。织叶蚁的筑巢方式很特别，正如它们的名字一样，它们会“织”树叶。首先，织叶蚁将用来筑巢的树叶聚拢在一起，接着用黏性很强的蚁丝将这些树叶编织起来。筑巢所需的蚁丝产自织叶蚁的幼蚁。一部分工蚁将树叶紧紧地拉到一起，另一部分工蚁用幼蚁的头碰一下树叶的边缘，等幼蚁吐丝后再把丝搭在相邻的两片树叶上，就像使用织布梭似的，将树叶的边缘黏合起来。织叶蚁还会使用肢体语言来沟通。它们就像表演小型哑剧一样，提醒同伴注意食物在哪里。

筑巢

嘿，我们正在筑巢，是不是看起来就很厉害？我们会打造一个巨大的领地，我们的巢穴将横跨好几棵树。

黏合剂

幼蚁分泌的闪闪发光的蚁丝把用来筑巢的树叶紧紧地固定在一起。

动物小档案

织叶蚁

栖息地：热带雨林、热带季雨林

分布范围：中国、东南亚、非洲中部、澳大利亚

体长：6~18毫米

巨大的颚部

织叶蚁依靠有力的下颚来保卫自己的领地。它们还会用下颚夹着幼蚁来编织树叶。

下颚

攻击

织叶蚁的攻击性极强，又喜欢吃各种昆虫。因此，它们作为控制农业虫害的天然利器对农民来说有着特殊用途。

织布鸟

对于非洲织布鸟来说，筑巢通常都是雄鸟的事情。织布鸟能熟练地用喙和脚编织鸟巢，它们的鸟巢由草茎编织而成，十分漂亮。它们甚至还会打结！织布鸟也分很多种类，不同织布鸟的鸟巢的形状和结构可能会有很大差异。织布鸟的鸟巢常高高挂在树上，入口在底部，这样天敌就很难进入鸟巢。雄鸟会向雌鸟展示自己建好的鸟巢，此时雌鸟会仔细察看。如果雌鸟“看完房”表示满意，就可以进行交配。接着，雌鸟就会在鸟巢内产卵。然后，雌鸟要独自承担孵化鸟宝宝的任务。

努力工作

雄鸟小心翼翼地将每根草茎编织在一起❶。毕竟要靠这个鸟巢给雌鸟留下好印象！

为了筑巢，雄鸟一趟又一趟地衔来各种材料❷。

不是蜂巢……

这是一个建造精巧的鸟巢！织布鸟能通过管状入口从下面进入鸟巢。

难以置信！

有些种类的织布鸟会在一棵树上筑起一个巨大的家族式鸟巢，里面最多可容纳 50 个织布鸟家庭。如此重压下，树枝甚至整棵树都可能会折断！

动物小档案

织布鸟

栖息地： 热带雨林、热带季雨林、灌木丛、湿地

分布范围： 东南亚、非洲中部、澳大利亚

体长： 13~17厘米

大旋鳃虫

色彩斑斓的水下森林？一眼望去，这片珊瑚上有许多大旋鳃虫五彩缤纷的鳃冠。

大旋鳃虫又名圣诞树蠕虫。这种小型海洋生物栖息在热带海域的浅海区域，它们最喜欢24~26℃的水温环境。大旋鳃虫会在珊瑚表面的空隙间为自己建造一根由石灰质构成的栖管，它会在里面度过一生。从外面只能看到两个彩色的螺旋状鳃冠，让人想起五颜六色的微型圣诞树。大旋鳃虫的鳃冠不仅能用来呼吸，还能从水中过滤出浮游生物，并以此为食。当大旋鳃虫感受到威胁时，就会迅速将鳃冠缩回管中，再用特化成壳盖的鳃丝塞住管口。

从侧面看过去，螺旋状的冠很像冷杉树。

运动探测器

大旋鳃虫的鳃冠上长有非常敏锐的感觉器官，能感知到最细微的震动或触碰。

你知道吗？

大旋鳃虫有粉色、黄色、橙色、蓝色、白色、棕色和红色的，这些五颜六色的海洋生物非常受潜水员的喜爱。但人们还没见过像冷杉那样的绿色大旋鳃虫。

动物小档案

大旋鳃虫

栖息地：珊瑚礁浅海

分布范围：热带海域

体长：约4厘米

盖罩大蜗牛

能大口大口吃蔬菜
真是太幸福啦！

美味！

盖罩大蜗牛最喜欢吃蔬菜，而且它进食的速度十分惊人。你知道吗？盖罩大蜗牛的舌头上长着数万颗牙齿，而且这些牙齿能不停地再生！

跟其他蜗牛相比，盖罩大蜗牛爬行的速度非常快。依靠肌肉发达的腹足，盖罩大蜗牛每小时能前进数米！它还是一种雌雄同体的生物，身上同时拥有雄性和雌性的生殖器官。盖罩大蜗牛是异体交配，在交配过程中，两只蜗牛的腹足黏附在一起。之后，两只蜗牛都会产卵，一次产的卵多达数十个。它们会将这些白色蜗牛卵埋入自己挖好的土坑里。刚出生的小蜗牛外壳还非常脆弱，因此，它们很容易成为捕食者的盘中餐。当蜗牛逐渐长大，它的钙质外壳也会变得更大、更坚固。盖罩大蜗牛会从周围的环境中吸收外壳生长所需要的钙质。如果外壳破碎了，它通常都能自己修复。

你知道吗？

冬天，盖罩大蜗牛会钻入土层中越冬，并从内部用盖子将外壳封闭起来。因此，即使环境温度很低，它也能存活下来。

在刀尖上行走

许多人会觉得盖罩大蜗牛的黏液很恶心，但黏液对蜗牛而言非常重要。正是黏液让盖罩大蜗牛的身体保持湿润的状态，有助于爬行，而且黏液还能像盾牌一样起到保护作用。盖罩大蜗牛能很轻松地爬过剃须刀片且不会受伤！

动物小档案

盖罩大蜗牛

栖息地：森林、草地、花园
分布范围：欧洲
体长：约5厘米

噬人鲨

噬人鲨（也叫大白鲨）是一种危险的食肉性鱼类。许多海洋生物，特别是海狗、海豚都非常害怕噬人鲨。噬人鲨一般不会主动攻击人类，出现噬人鲨咬人事件很可能是因为它认错了对象，例如误把冲浪者当成海豹。当猎物贴着水面游动时，潜伏在水下的噬人鲨会突然出现，然后迅速从下向上攻击猎物。为了不在打斗中失去太多能量，噬人鲨狠狠咬了猎物一口后，就会在一旁耐心等待，直到猎物因失血变虚弱才再次进攻。噬人鲨能在海洋中进行长途迁徙，有时会在近海水域逗留，有时会在公海水域逗留。过去很长一段时间，噬人鲨曾被认为是独行动物，但今天人们已经知道，噬人鲨会成群聚居，一个族群最多由 10 条噬人鲨组成。

噬人鲨不仅有出色的五感，它还有电感受器，能在捕猎中发挥作用。噬人鲨能感知电场，这让它更容易找到猎物。然后，它会等待合适的时机——发动攻击！

噬人鲨的牙齿结构很特别，如果有一颗牙齿缺损，第二排的牙齿就会往前移动。因此，噬人鲨的牙齿能不断地“重装”，保持锋利的状态。

动物小档案

噬人鲨

栖息地：浅海

分布范围：热带、亚热带和温带海域

体长：可达12米

温血动物

所有海域中都有噬人鲨的踪迹。噬人鲨能将体温维持在比周围的水温高好几度的状态，这让它们面对冰冷的海水时毫不畏惧。

潜水员

体形最大的掠食性鱼类

难以置信！

噬人鲨的嗅觉非常灵敏。在海里，它甚至能闻到几千米外的一滴血的味道。此外，噬人鲨还能辨别不同生物的血液！

白头海雕

天空之王

白头海雕的头部、颈部和尾部有着非常醒目的白色羽毛，它也因此得名。但其绰号“天空之王”则源于它高超的飞行技巧。凭借超过 2 米的翼展，白头海雕能完成令人印象深刻的俯冲。

你知道吗？

白头海雕的骨骼重量不及羽毛重量的一半。

白头海雕在空中盘旋，它正在寻找猎物。白头海雕的视力比人类敏锐很多倍！这种强壮的猛禽主要在海岸、河流附近出没，因为它喜欢捕食鱼类和水禽。一旦发现猎物，白头海雕就会以惊人的速度迅速开始行动，它俯冲入水的速度能达到 150 千米 / 时！白头海雕会用刀一样锋利的爪子抓住猎物，再飞回巢穴，它的巢穴通常建在高高的树冠上。白头海雕不仅是飞行高手，还是个游泳熟手，它能通过拍击双翼来游泳！

捕捉猎物

白头海雕主要以鱼类和水禽为食，食物不够的时候，它们会互相争夺猎物甚至吃腐肉。

筑巢

这种大型鸟类的巢穴一般都很大。

难以置信！

白头海雕一生通常只会筑一个巢。每年它都会将自己的鸟巢修修补补，这样一来，时间越长鸟巢就会越重。白头海雕的鸟巢直径可达 2.8 米，是世界上最大的鸟巢之一。对白头海雕而言，这就是它的家，它会一次又一次地返回自己的鸟巢！

动物小档案

白头海雕

栖息地：海岸、森林、海洋、湿地、流动水域

分布范围：北美洲

体长：体长0.8~1.1米，翼展可达2.5米

袋 熊

和袋鼠、考拉一样，袋熊也是一种有袋类动物，且仅生活在澳大利亚境内。白天，袋熊通常待在地下的洞穴中，晚上才会出洞觅食。袋熊最喜欢吃草、苔藓和芳香草本植物，它也爱吃根茎、蘑菇。袋熊的身体看上去十分笨拙，但它可以在短时间内保持快速奔跑的状态，最高时速可达 40 千米 / 时。袋熊同时也是游泳健将和攀爬高手。雌性袋熊每两年生一胎。袋熊宝宝刚出生时体长还不到 2 厘米！它会在母亲的育儿袋里待上 6 ~ 8 个月，在袋内继续发育。之后，它还将在母亲身边再待一年左右。

有趣的事实

袋口朝后

像许多澳大利亚的本土动物一样，袋熊也有一个育儿袋。但与大部分有袋类动物不同的是，位于袋熊腹部的育儿袋是向后开口的！之所以会这样，很可能是因为如果袋口朝前，袋熊挖洞时飞溅的尘土就会把育儿袋填满。

袋 熊

栖息地：草原、森林

分布范围：澳大利亚东南部、塔斯马尼亚岛、弗林德斯岛

体长：70～110厘米

可爱？才不止呢，我也会做别的事情！

袋熊是真正的建筑师。依靠有力的爪子，它们能挖出长达 20 米、深达 3 米的洞穴！

角蝰

角蝰擅长侧行式蛇行。它以一种不同寻常的方式蜿蜒前进，在沙地上留下独特的痕迹。

动物小档案

角 蝰

栖息地：沙漠

分布范围：非洲北部、阿拉伯半岛

体长：30~60厘米

角蝰主要分布在撒哈拉沙漠，那里白天的气温最高能升至50℃。因此，角蝰喜欢在夜晚活动，白天则躲进小型哺乳动物的洞穴中，或把自己全部埋进沙子里。依靠黄褐色皮肤上的花纹和斑点，角蝰能很好地适应沙漠里的生活，它总是能将自己伪装得很好。角蝰会使用一种小伎俩来引诱猎物：它将身体藏在沙子里，只露出尾巴尖部并来回摆动。一旦有好奇的猎物凑到跟前，它就会飞快地冲出来，一口咬住猎物。角蝰用露水解渴，黎明时分露水会顺着它的身体流进嘴里。

受骗了

角蝰眼睛上方的那对角并不是真正的角，而是两个刺状的角鳞。

你知道吗？

角蝰受到威胁时并不会每一次都使用毒液，大部分时候它会摩擦身上的鳞片，发出像响尾蛇一样的嘎嘎声，以此来警告攻击者。

完美的伪装

难以置信！

角蝰虽然个头不大，但可不能小看它。依靠完美的伪装，角蝰往往会给粗心大意的人带来不可预测的灾难。角蝰的毒液毒性很强，中毒后若不及时治疗，会带来可怕的后果。

牦 牛

强壮的牦牛给人类提供了很多帮助，在狭窄陡峭的山路上，牦牛可以驮着超过100千克的货物前行！

牦牛主要分布在比较寒冷的地区，那里的气温常年在5℃以下，即使在夏季，最高气温也不会超过13℃。跟其他的牛一样，牦牛是反刍动物。它的主食是草，但也不排斥含有木质纤维或棘刺的植物。在食物匮乏的冬季，牦牛每天需要约2千克食物；在夏季，牦牛每天则需要约6千克食物——而奶牛每天能轻松吃掉的饲料是牦牛的10倍！虽然野生牦牛几乎绝迹，但在中亚地区，牧民将牦牛作为家畜饲养还是很常见的。牦牛可以作为驮畜为人类服务，并为人们提供奶、毛和皮革。牦牛的粪便还可以作为燃料！

在中国青藏高原及蒙古国，牦牛被人们当作家畜饲养。

有趣的事实

奇怪的声音

牦牛有时也被称为“咕噜牛”。这个名字是不是有点可爱？因为它们常常会发出深沉的咕噜声。

动物小档案

牦 牛

栖息地：高原、山区

分布范围：中国、蒙古、印度、阿富汗

体长：2.5~3米

难以置信！

牦牛被誉为“高原之舟”和“全能家畜”。牦牛的毛很长，腹部的毛几乎要拖到地上了，非常保暖。因此，在海拔5000米以上的高原地区，在−40℃的环境下，牦牛依然可以生存！

斑 马

研究人员认为，每匹斑马身上独特的斑纹是它在种群中能被同类识别的特征，而且斑纹还能在斑马的群体协作中起到作用。

我身上的图案是独一无二的——就像你的指纹一样！

平原斑马是最常见的斑马。

斑马一般以家族为单位在一起聚居。斑马身上的斑纹就像人类的指纹一样是独特的。因此，雌性斑马不仅能通过气味和声音，还能通过斑纹来辨认它的幼仔！斑马最大的敌人是狮子。在逃离狮子的追捕时，它们奔跑的速度可达 80 千米 / 时！为了更好地保护自己，斑马还经常与羚羊、牛羚等其他群居动物联合起来，组成更大的群体。小斑马出生几个小时后就能跟随族群一起奔跑。这对斑马的生存而言至关重要，因为捕食者会闻到雌性斑马分娩时产生的血腥味，落单的斑马很容易成为捕食者的猎物。

保养皮毛

斑马非常注重皮毛的保养工作！它们会在泥浆和尘土中打滚；也会让同伴帮忙，清洁自己够不着的位置；它们还会站在那儿，让牛椋鸟帮忙除掉身上的寄生虫。

难以置信！

斑马身上的斑纹非常显眼，从照片上看非常醒目，似乎并不利于伪装。实际上，这种斑纹会让捕食者很难将注意力集中在某一匹斑马身上。在稀树草原的高温下，斑马群会显得很模糊，捕食者只能看到一堆闪闪发光的轮廓。

在繁殖季节，雄性斑马之间会毫不客气地展开激斗。

你知道吗？

一个斑马群里有10多匹斑马。如果其中1匹斑马走失了，其他斑马会去找它——甚至会找很长时间。因此，斑马是高度社会化的动物，而且很会互相照顾。

动物小档案

斑 马

栖息地： 半沙漠、草原

分布范围： 非洲

体长： 2~2.7米

条纹裸海鳝

条纹裸海鳝的皮肤上覆盖着一层厚厚的黏液。有了这些黏液的保护，条纹裸海鳝才能在岩缝及珊瑚丛中蜿蜒穿梭而不受伤。条纹裸海鳝皮肤上的黑白条纹使它看起来格外醒目。这种独行动物通常潜伏在洞穴中，等候着甲壳动物和软体动物送上门来。条纹裸海鳝视力不好，几乎看不见，所以它只能依靠嗅觉和听觉来觅食。条纹裸海鳝会在适当的时机出击捕获猎物。它们喜欢让三带盾齿鳚来帮助自己清洁牙齿，这种鱼以食物残渣为食。条纹裸海鳝会允许三带盾齿鳚游进嘴里，且不会一口将它们吞掉。

条纹裸海鳝会像蛇一样扭动着在水中游动。

条纹

条纹裸海鳝身上有许多深浅相间的横条纹，看起来跟斑马身上的条纹有点像，所以它又被叫作斑马鳗。

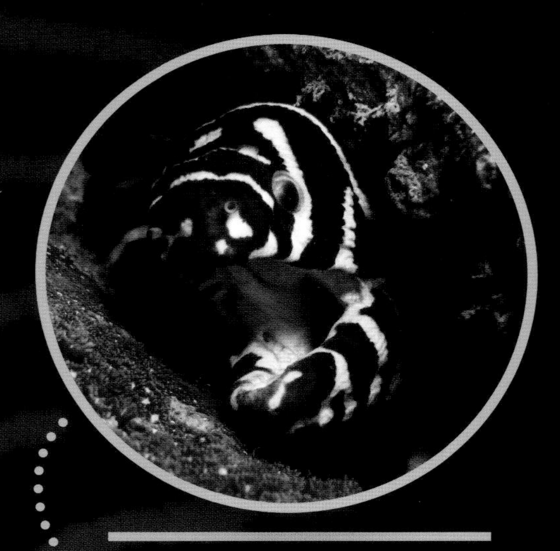

你知道吗？

如果条纹裸海鳝感受到威胁，它会往后退一点儿，然后张大嘴。这就是在警告敌人，小心点，现在最好保持距离！

动物小档案

条纹裸海鳝

栖息地：有珊瑚礁和岩石的近岸浅海

分布范围：热带和亚热带海域

体长：最长可达1.5米

条纹裸海鳝的嘴会不停地开合，这并不是在威慑敌人，而是因为它以这种方式呼吸。

电 鳗

虽然它看起来像一条鳗鱼，但电鳗其实不是鳗鱼，它属于电鳗科。

动物小档案

电 鳗

栖息地：流速缓慢的河、淡水湖

分布范围：南美洲亚马孙河和奥里诺科河

体长：可达2米

电鳗的放电能力很强！它能靠电击捕猎。电鳗一般会先释放出非常微弱的电流，此时躲藏在附近的猎物就会浑身抽搐。猎物发出的动静会将它的位置暴露出来。随后，电鳗会发出一连串强烈的电击，使猎物彻底瘫痪。这种猛烈攻击的持续时间甚至不足1秒！电鳗依靠这种独门技术成为世界上最成功的捕食者之一。电鳗的身体两侧生长着一种特殊的异化细胞——电细胞。这些电细胞排列在电鳗的肌肉里，几乎覆盖电鳗全身，能释放出高强度的电流。

难以置信！

电鳗是发电能力最强的动物，它一次能产生高达700伏的电压，释放的电流甚至能杀死一个人或击晕一匹马！

知识加油站

- 电鳗的鳃在进化过程中不断萎缩，主要是因为电鳗生活的水域比较浑浊，含氧量极低。电鳗每隔约15分钟就得浮出水面换气！
- 电鳗在水里完全看不见，所以它要靠微弱的电流来探知周围环境和定位。此外，它还要通过放电来捕猎、防御以及划定领地。

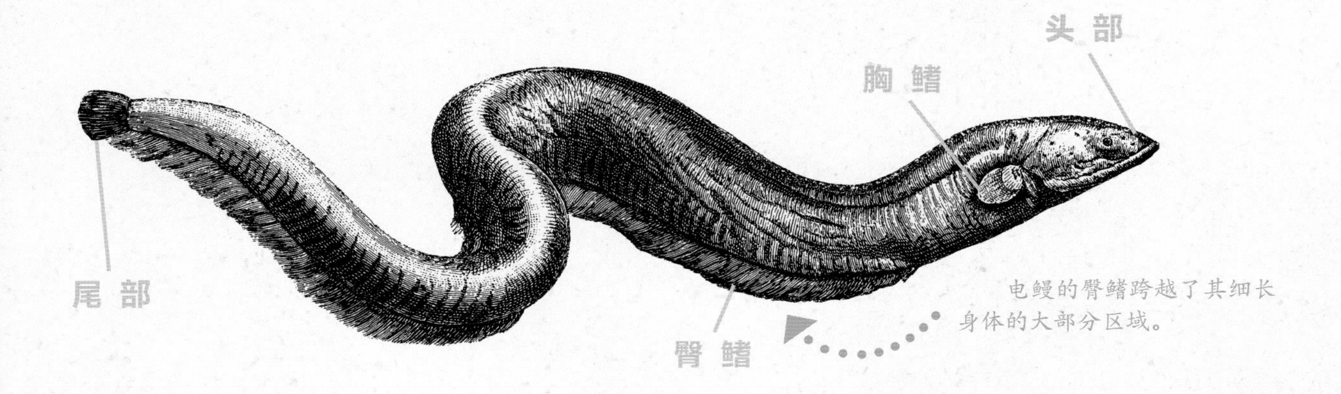

电鳗的臀鳍跨越了其细长身体的大部分区域。

幽灵蛛

如果你遇到一只幽灵蛛，完全不用害怕！它不会对你造成任何威胁，相反它是一种能消灭有害昆虫的益虫。这种长腿蜘蛛通常栖息在地下室的角落或阴暗的壁龛里，它通常会潜伏在大大的网中等待着猎物。幽灵蛛的蛛网由弹性极好又没什么黏性的蛛丝织成。一旦有昆虫落入网中，幽灵蛛就会感觉到，并立刻爬过去。然后，它会吐出越来越多的蛛丝包裹住猎物，最后用毒液将其杀死。雌性幽灵蛛一次能产下几十枚卵，它会将这些卵随身携带，直到小蜘蛛孵化出来为止。幽灵蛛一出生就能独立生活。

幽灵蛛能杀死比自己大得多的猎物。

难以置信！

幽灵蛛的名字跟它不同寻常的防御能力有关。受到威胁时，幽灵蛛就会在蛛网上快速摆动丝线和自己的身体。由于幽灵蛛晃得很快，攻击者几乎看不清幽灵蛛的真实面貌，会误以为对方体形很大。

有趣的事实

假双胞胎

幽灵蛛的躯干很小，腿却很长。这个特点跟盲蛛一样，所以人们很容易将幽灵蛛误认成盲蛛。

盲蛛

蛛形纲下有蜘蛛目、盲蛛目等，幽灵蛛属于蜘蛛目，不是盲蛛目哟！

幽灵蛛

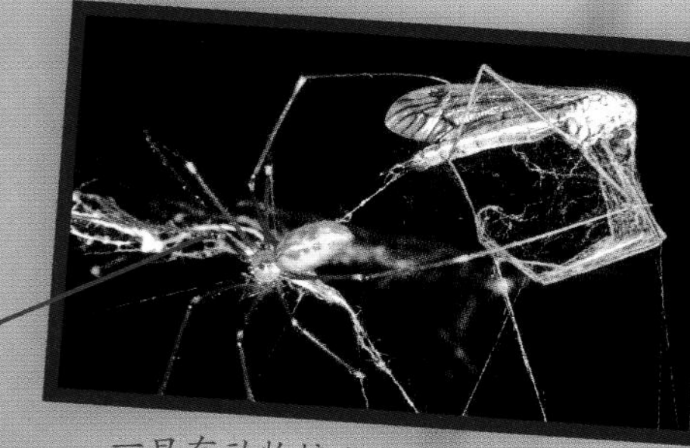

一旦有动物撞上幽灵蛛的蛛网，幽灵蛛就会迅速赶过去，用丝包裹住猎物，然后给其注入毒液，使猎物瘫痪，并将其吸食干净。

今天谁会自投罗网呢？

蛛网

不管是在洞穴里还是在楼房里，幽灵蛛通常都会找到最高的位置——洞穴顶部或天花板，再在下方结网。

动物小档案

幽灵蛛

栖息地：洞穴、地窖

分布范围：几乎全球陆地

体长：约6毫米

二趾树懒

有趣的事实

“雨沟”

树懒的腹部有一条发缝，其毛发沿着发缝由腹部向背面生长。这条发缝很有用，当树懒倒挂在树上时，雨水就可以顺着体毛自然流下去。

长而弯曲的爪子在攀爬时非常有用。

二趾树懒，顾名思义，不同于它的亲族三趾树懒，它的前肢只有两个趾爪，但它的后肢还是长有三个趾爪。它最喜欢倒吊在树枝上睡觉或进食。就连交配和产崽的活动也是在树上进行的。为了节省体能，二趾树懒的行动非常缓慢。它一天的活动范围不超过 40 米！这种哺乳动物很少会到地面上来，除非是为了换一棵树，或是为了每周一次的排泄活动。树懒到了地面上会变得非常无助，但它是一个游泳好手——尽管游得也很慢。

动物小档案

二趾树懒

栖息地：热带雨林的树冠层

分布范围：中美洲、南美洲北部

体长：约70厘米

藻类

野外的树懒并不像我们在动物园里看到的树懒那么懒惰。动物园里的树懒每天要睡约 16 个小时，但在野外生活的树懒实际上每天只睡约 9.6 个小时。

难以置信！

树懒的毛发里有藻类生长！正是这些藻类使树懒的毛发闪着微光，从而起到伪装作用。此外，它饿的时候，也会抓一把自己身上的藻类吃。

栖息地

森 林

地球上，森林面积约占陆地总面积的三分之一。温带的森林夏季温暖，冬季凉爽，那里主要生长着落叶树。而北半球北部的森林里主要生长着针叶树，那里的夏季相当短暂，冬季既漫长又寒冷，导致当地冬季食物短缺。于是，一些不冬眠的动物到了冬天便会向南迁徙。

海 洋

海洋覆盖了地球约四分之三的表面积。深海是地球上最大的栖息地，但这片区域几还没有被人类探索过。深度超过 200 米的域就是深海，那里几乎没有一丝光亮。栖息深海中的动物不仅要适应黑暗的环境，还要对寒冷和巨大的海水压力。海洋的最深处是里亚纳海沟，最深处深达 11034 米！

热带雨林

地球上所有已知的动物物种中，有一半以上栖息在赤道附近的热带雨林中。那里的气候温暖潮湿，几乎每天都会降雨。因为那里没有冬季，所以树木常年都是绿色的。为了追求经济利益，人类在热带雨林乱砍滥伐，致使这个栖息地受到了严重威胁。

苔 原

苔原是分布在极地附近或高山的无林沼泽型植被。那里的地下土壤永久冻结，只有在夏季，表层的土壤才会融化。随后，苔藓和地衣便从地里钻出来，许多其他地区的动物来到此地并栖息下来。它们在这里觅食和繁衍，直到夏末才返回各自的故乡。

稀树草原

稀树草原通常分布在干旱季节较长的热带地区。这里常年气候温暖，旱季和雨季交替。稀树草原上覆盖着广袤的草丛。这些草丛与零星生长的树木成为食草动物仅有的食物来源。

沙 漠

人们将地表覆盖大片风成沙的地区称为沙漠。该地区的生物必须适应缺水环境以及超过50℃的高温。仙人掌这类植物将水分储存在它们的根部；动物则通过食物或从沙漠中的绿洲获取水分。许多动物为了躲避高温的炙烤，白天躲在地下，只有在寒冷的夜晚它们才会出来活动。

极 地

地球上最寒冷的两个区域分别是北极地区和南极地区。北极地区主要是一大片漂浮在海面上的冰层，而南极地区则是一个被冰雪覆盖着的大陆。栖息在这些区域的动物用厚厚的皮毛、羽毛或脂肪层来保护自己免受严寒的侵袭。栖息在北极地区和南极地区的一些鱼类，其血液中含有一种特殊的“防冻剂”。

名词解释

旧大陆：主要指亚、欧、非三洲，即东半球陆地。亦称“东大陆”或“旧世界”。

新大陆：指南、北美洲，即西半球陆地。亦称“西大陆”或“新世界”。

生态系统：生物群落及其物理环境相互作用的自然系统。例如，森林、草原、苔原、湖泊、河流、海洋、农田。

气　候：某一地区多年的天气特征。包括多年平均状况和极端状况。由太阳辐射、大气环流、地面性质等因素相互作用所决定。世界各地的气候复杂多样，但是它们的分布有一定规律。例如，由赤道地区到极地地区，有规律地分布着热带的、亚热带的、温带的和寒带的气候。不同的气候类型呈现出不同的自然景观。

旱　季：热带地区的干燥少雨季节。

热带季雨林：分布在热带有周期性干、湿季节交替地区的一种地带性森林类型。也是热带季风气候带相对稳定的一种植被类型。又称季雨林、潮湿半落叶林、半常绿季雨林等。由较耐旱的热带常绿和落叶阔叶树种组成，且有明显的季相变化。

安第斯山脉：南美洲西部科迪勒拉山系主干。在大部分地段内，山脉纵贯南北，大体与太平洋岸线平行。跨多个国家，全长约8900千米，为世界上最长的山脉。

半咸水：河口淡水与海水交汇区的低盐度水域。半咸水鱼类大多为浅海鱼类和适应于低盐度中生活的咸淡水鱼类，对盐度的变化有较大的忍耐力。

红树林：热带海岸泥滩上的常绿灌木和小乔木群落。其中主要种类为适应盐土和沼泽条件的红树型植物。均具有呼吸根或支柱根。

群　落：由同类物种的生物组成的关系紧或松的群落，例如这些生物会聚集在一起繁衍后代。

族　群：由同一类动物构成的较大的群体。同一族群的动物会一同活动并保持联系。

领　地：被某种单一的动物或群体视为栖息地并抵御外来入侵者的区域。

进　化：亦称“演化”。生物逐渐演变，由低级到高级、由简单到复杂、种类由少到多的发展过程。

灭　绝：生物的物种或更高的分类群全部消亡，不留下任何后代的现象。

化　石：由于自然作用而保存于地层中的古生物的遗体、遗迹等的统称。化石是研究地质时期的生物演化、追溯古地理环境和古气候变迁、确定地层的年代等的重要根据。

活化石：现存的一些古老物种。曾繁盛于某一地质时期，种类多，分布广，后逐渐衰退并近乎绝迹，仅在当今地球的个别地区生存繁衍。

遗传物质：亲代与子代之间传递遗传信息的物质。DNA（即脱氧核糖核酸）是储藏、复制和传递遗传信息的主要物质基础。

解剖学：研究动物、植物和人体的形态、结构及其发生发展规律的学科。

灵长类动物：哺乳纲的一目，最高等的哺乳动物。分为原猴亚目（狐猴亚目，包括狐猴、指猴、懒猴、眼镜猴等）与类人猿亚目（猿猴亚目，包括各种猿猴、猩猩和人）。

捕食者：将其他动物作为猎物进行捕食的动物。

掠食动物：主要依靠猎捕活物为生的动物。

杂食动物：有以植物性食物和动物性食物为营养的习性的动物。

昆　虫：亦称“六足动物”。无脊椎动物节肢动物门，昆虫纲动物的总称。成体分头、胸、腹三个部分。

两栖动物：脊椎动物亚门的一纲。发生经过变态，或变态不显著。幼体用鳃呼吸，水栖；成体一般用肺呼吸，有五指（趾）型附肢。大多栖于陆上，少数种类水栖。

变温动物：俗称“冷血动物”。不能依靠自身代谢产热维持恒定的体温，体温随环境温度的改变而变化的动物。如爬行类、两栖类和鱼类等。

浮游生物：体形细小，缺乏或仅有微弱游动能力的水生生物。如单细胞动植物、细菌、小型无脊椎动物和某些动物的幼体等。为鱼类等的重要食料。

微生物：生物的一大类。包括细菌、蓝细菌（蓝藻）、霉菌、酵母菌、螺旋体、病毒、类病毒、原生动物及单细胞藻类等。是一群形体微小、构造简单的单细胞或多细胞原核生物或真核生物，有的甚至无细胞结构（如病毒）。

细　菌：微生物的一大类。单细胞的微小原核生物。有些细菌可能是有益的，而有些细菌则会导致疾病。

细　胞：由膜包围的能进行独立繁殖的原生质团。是一切生物体结构与功能的基本单位。

传　粉：成熟的花粉由雄蕊花药中散出后，被传送到雌蕊柱头上或胚珠上的过程。有自花传粉和异花传粉两种方式。异花传粉因媒介不同，又可分为虫媒、风媒、水媒等。

求　偶：在交配前，雄性动物会向雌性动物求爱。

受　精：精子与卵结合成一个细胞的过程。

妊娠期：亦称“怀孕期”。哺乳动物从卵子受精到胎儿发育完全而分娩之间的一段时间。

茧：完全变态昆虫类蛹期的囊形保护物。通常由丝腺分泌的丝织成。

蛹：完全变态的昆虫由幼虫过渡到成虫的中间阶段的形态。此时大多不食不动，体内进行原有的幼虫组织器官的破坏和新的成虫组织器官的形成。

幼　体：在具有成体的特征性形态之前，能营独立生活的胚胎个体。某些无脊椎动物和两栖动物，在个体发育过程中需经幼体阶段。蛙的幼体称“蝌蚪”。由卵孵化出来的昆虫幼体，称“幼虫”。

幼　虫：一般泛指由卵孵化出来的幼体，但习惯上仅指完全变态类昆虫的幼体。由幼虫发育为成虫，需经过若干次的蜕皮和变态（经过蛹期）。幼虫的形态和习性与成虫完全不同。

雌雄同体：动物同一个体内有雄性和雌性器官。无脊椎动物如涡虫、寡毛纲、腹足纲多为雌雄同体。

斑点和条纹：马来貘幼仔身上的斑纹能起到伪装的作用。

它骄傲地在空中翱翔：双角犀鸟长着一个长喙，喙的上面有一个独特的盔突。

鲸　须：由鲸须板和鲸须毛组成，是指须鲸亚目下属的鲸类上腭所延伸下来的梳子状的板片，其取代牙齿，从上腭垂下，排在须鲸口部的两边。须鲸用鲸须来滤食海水中的浮游生物和其他动物。

褶　沟：须鲸科的鲸喉部或腹部的褶皱。须鲸进食时会张大嘴巴，褶沟会展开。

硬骨鱼：鱼类的一个主要类群。骨骼多为硬骨。现存的鱼类绝大部分属于此类。

软骨鱼：鱼类的一个主要类群。骨骼全由软骨组成。鲨鱼、鳐、锯鳐等属于软骨鱼。

背　鳍：指鱼背部的鳍，沿水生脊椎动物的背中线而生长的正中鳍。主要对鱼体起平衡的作用。

尾　鳍：为鱼类和其他部分脊椎动物正中鳍的一种，位于尾端。尾鳍既能使身体保持稳定，把握运动方向，又能同尾部一起产生前进的推动力。

鳃：多数水生动物的呼吸器官。见于鱼类、两栖类幼体，和某些无脊椎动物。鳃能让这些动物实现水下呼吸。它们用鳃将水中的氧气吸入体内，然后排出二氧化碳。

鱼　鳔：软骨鱼类和少数硬骨鱼类的辅助呼吸器官，很多硬骨鱼的密度调节器官。

鱼子酱：一种鱼卵盐渍品。

磷　虾：甲壳纲，磷虾目动物的通称。体形似虾，以群集方式浮游生活，是许多大型海洋生物的食物。

珊瑚虫：腔肠动物门的一纲。有些珊瑚外胚层能分泌钙质的骨骼，在海洋中堆积成珊瑚礁。

珊　瑚：珊瑚虫所分泌的骨骼。按成分，分石灰质和角质两类。

珊瑚礁：热带、亚热带海洋中的一种石灰质岩礁。主要由造礁珊瑚的石灰质遗骸和钙藻、贝壳等长期聚结而成。

翼　展：伸展翅膀时左右翅尖的直线距离。

悬　停：指鸟类在空中保持同一位置不变的飞行方式。

尾脂腺：亦称“尾腺”“羽脂腺”。着生在鸟类尾基部背面的一对皮肤腺。能分泌脂肪性物质，有润羽、防湿和引诱异性的作用。

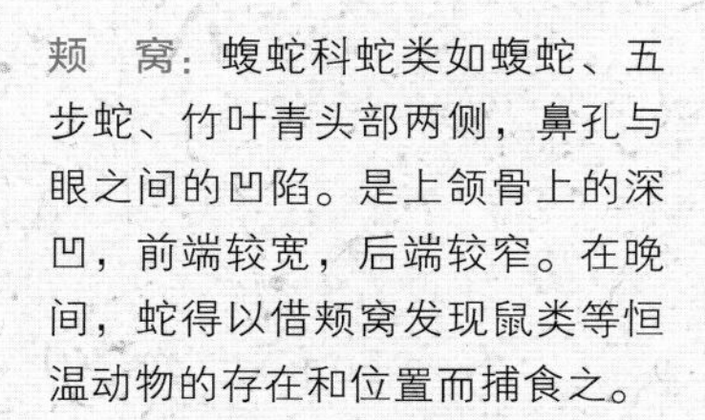

触　须：哺乳动物口旁的硬毛，即使在黑暗中也能感应到周围的环境。也指昆虫小颚与下唇以及甲壳动物大颚与小颚上分节或不分节的分枝，有触觉或味觉的功能。

触　手：通常指无脊椎动物头部分枝或不分枝的细长凸起。主要用于卷攫或产生触觉，间或也有呼吸、运动、支持身体等功能。

颚：某些节肢动物摄取食物的器官，既能用于啃咬或咀嚼食物，也能用于携带卵或幼虫。

复　眼：甲壳类、昆虫类及其他少数节肢动物的光感受器。一般只有一对。每一复眼由少数或多数小眼组成，每个小眼的角膜形成小眼面。能感受物体的形状、大小，并可辨别颜色。

萤光素：存在发光昆虫细胞内的一种物质，在萤光素酶的作用下氧化而产生光。

萤光素酶：在生物发光反应中催化发光底物氧化发光的一类氧化酶。最典型的是从萤火虫尾部提取的虫萤光素酶和从发光细菌里提取的细菌萤光素酶。

臭　腺：动物体内分泌臭液的腺体。有引诱异性个体或抵御敌害的功能。

颊　窝：蝮蛇科蛇类如蝮蛇、五步蛇、竹叶青头部两侧，鼻孔与眼之间的凹陷。是上颌骨上的深凹，前端较宽，后端较窄。在晚间，蛇得以借颊窝发现鼠类等恒温动物的存在和位置而捕食之。

白化病：皮肤、毛发、眼睛均因色素缺乏而变白的遗传性疾病。

类胡萝卜素：普遍存在于植物叶绿体、有色体中的一类黄色或红橙色的色素。有些鸟类需要它们来维持羽毛的颜色。

分泌物：动物的某些细胞、组织或器官释放其所合成的特殊化学物质。

新陈代谢：生命的基本特征之一。是维持生物体的生长、繁殖、运动等生命活动过程中化学变化的总称。生物体将从食物中摄取的养料转换成自身的组成物质，并储存能量，称“合成代谢”。生物体将自身的组成物质分解以释放能量或排出体外，称“分解代谢”。

冬　眠：亦称“冬蛰”。休眠的一种。是动物对冬季不利的外界环境条件（如寒冷和食物不足等）的一种适应。主要表现为不活动，心跳缓慢，体温下降，代谢降低和陷入昏睡状态。常见于温带和寒带地区的无脊椎动物、两栖类、爬行类和一些哺乳类等。

斑　纹：显露在一种颜色的物体表面上的别种颜色的条纹。

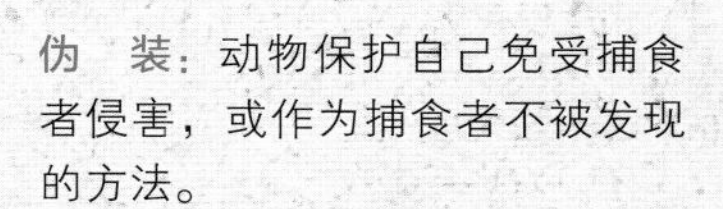

伪　装：动物保护自己免受捕食者侵害，或作为捕食者不被发现的方法。

拟　态：某些动物在进化过程中形成的外表或色泽斑纹等同其他生物或非生物相似的形态。拟态有隐蔽和保护自身的作用。

驯　养：饲养野生动物使其逐渐驯服。

反　射：光的反射是指光在传播到不同物质时，在分界面上改变传播方向又返回原来物质中的现象。光遇到水面、玻璃以及其他许多物体的表面都会发生反射。

分　贝：主要用于度量声音强度。以dB表示。1分贝相当于人耳刚能听到的声音，60分贝相当于正常交谈的声音。

图片来源说明

Archiv Tessloff: 89下右, 132下左, 152中; flickr: 19下右(CC BY 2.0/lostandcold), 19左(CC BY-SA 2.0/Sylke Rohrlach), 111上右(CC BY-NC-ND 2.0/Graham Wise); Getty: 13中左(Paul Starosta), 69中右(Doug Cheeseman), 69下右(Christian Heinrich), 117左(Gerard Soury); National Science Foundation:71上右(William Leo Smith); Nature Picture Library:8中中(Jurgen Freund), 21右(Dr. Axel Gebauer), 23下左(Nature Production), 28中中(Pete Oxford), 29上中(Claudio Contreras), 44背景图(Tim MacMillan/John Downer Pr), 44下右(Ingo Arndt), 44中中(Michael D. Kern), 47上右(Nick Garbutt), 47下左(Nick Garbutt), 58中右(Lou Coetzer), 61背景图(Alex Mustard), 61上右(Constantinos Petrinos), 62下左(Peter Scoones), 63右(Eric Baccega), 69上中(Dong Lei), 80下右(Jurgen Freund), 83左(Sandesh Kadur), 83中(Sandesh Kadur), 83背景图(Michael D. Kern), 83中右(Sandesh Kadur),87下(David Fleetham), 88上(Mark Bowler), 88中右(Luiz Claudio Marigo),91背景图(Kim Taylor), 98上右(Franco Banfi), 102下左(Nature Production), 108中右(Alex Mustard/2020VISION), 112背景图(Visuals Unlimited), 115上(Visuals Unlimited), 125上中(Chris & Monique Fallows), 125背景图(Alex Mustard), 125下左(Doug Perrine), 129中右(Jane Burton), 129上右(Jurgen Freund), 131上右(Tim MacMillan / John Downer Pr), 135下左(Cindy Buxton), 137上右(Visuals Unlimited), 139上右(Doug Allan), 141上右(Alex Mustard/2020VISION), 141中右(David Shale), 148中左(Daniel Heuclin), 149下(Todd Pusser), 150背景图(Bence Mate), 150中中(Ingo Arndt), 153背景图(Rolf Nussbaumer), 155上右(David Fleetham), 155中右(Brandon Cole), 156中左(Dave Watts), 156下(John Cancalosi), 157下中(Anup Shah), 158中(David Shale), 158上左(Doug Perrine), 159上右(Andy Rouse), 161下中(David Tipling), 161上中(Doug Allan), 163下(Wild Wonders of Europe/Zankl), 164上右(David Shale), 164背景图(DOC WHITE), 166上右(Roland Seitre), 166中左(Roland Seitre), 167下中(Tim Laman), 167右(Nick Garbutt), 168右(Eric Baccega), 172下右(Rolf Nussbaumer), 172上右(Michael Durham), 173中左(Nature Production), 175上右(Hanne & Jens Eriksen), 176上左(Roland Seitre), 176中右(Pete Oxford), 178下(Pascal Kobeh), 178上左(Chris & Monique Fallows), 178上右(Brandon Cole), 179中左(Louis Gagnon), 180上右(Dave Watts), 181上(NEIL LUCAS); picture alliance: 188-189背景图(Saurer/Bildagentur-online), 3下左(Bildagentur-online), 6背景图(Minden Pictures/Jelger Herder/Buiten-beeld), 6下中(Minden Pictures/Jelger Herder/Buiten-beeld), 10中右(P. Wegner), 11中右(Francois Gohier / ardea.com), 12下左(Ihlow), 12下中(WILDLIFE/M.Harvey), 13右(C. Hütter/Arco Images), 16背景图(WILDLIFE/R.Kaufung), 16下中(K. Wothe), 16中左(K. Wothe), 17上(C. Hütter), 19下中(Wolfgang Poelzer/WaterFrame), 22中左(Francois Gohier), 22背景图(WILDLIFE/M.Carwardine), 23中左(Wissen Media Verlag), 24中左(WILDLIFE/M.Harvey), 24下(WILDLIFE/M.Harvey), 24上右(WILDLIFE/M.Harvey), 24中右(Frans Lanting), 27中右(C. Hütter), 27下右(Michael Fritscher), 27上中(B. Trapp), 28下(Mark Carwardine/Ardea/Mary Evans Picture Library), 28中左(M. Carwardine/WILDLIFE), 28上右(Doug Wechsler/Okapia), 29下左(E. Hummel/blickwinkel), 30背景图(WILDLIFE/M.Varesvuo), 30中中(WILDLIFE/D.Harms), 30中右(Dennis Heidrich), 30上中(M. Kühn), 31下左(Minden Pictures/Stephen Dalton), 33下右(P. Wegner), 34上右(S. Muller/WILDLIFE), 34中右(S. Muller/WILDLIFE), 34下左(Mary Evans Picture Library), 35上(Lynn M.Stone/OKAPIA), 36上右(WILDLIFE/J.Freund), 36中右(Franco Banfi/WaterFrame), 38中右(WILDLIFE), 41上中(WILDLIFE/M.Carwardine), 42中右(blickwinkel/S. Meyers), 43中左(Michael DeFreitas/robertharding), 46背景图(blickwinkel/McPHOTO), 46中左(blickwinkel/A. Hartl), 46上中(Bartomeu Borrell Casals/OKAPIA), 46上右(Bruce Coleman/Photoshot), 47下中(M.Harvey/WILDLIFE), 49中右(Woodfall Wild Images/Photoshot/Ross & Diane Armstrong), 49上右(Ethan Daniels/WaterFrame), 52上右(blickwinkel/B. Trapp), 54上右(OKAPIA KG Germany/Karl H. Switak), 56下中(Thomas Marent/ardea.com/Mary Evans Picture Library), 57上(Kim Taylor/Bruce Coleman/Photoshot), 58下右(Arco Images/H. Brehm), 58上右(Nigel Dennis/Okapia), 59左(Thomas Marent/ardea.com/Mary Evans Picture Library), 59中(Gerard Lacz/Anka Agency International), 62上右(Ronald Wittek/dpa), 66中右(Dr.med.J.P.Müller), 66上右(Harms, D./WILDLIFE), 67中中(Francois Gohier/ardea/Mary Evans Picture Library), 70中右(Muller, S./WILDLIFE), 73中左(WILDLIFE/P.Oxford), 73背景图(M. Watson/ardea.com), 73上右(Peter Steyn/ardea.com), 74中右(WILDLIFE/M.Harvey), 75中右(Charles Hood), 75上右(R. Kaufung), 75中左(Westend61/Fotofeeling), 75背景图(W. Rolfes), 76上(Alina Thiebes/Kiwisforkiwi/dpa), 77中(Billy Hefton/AP Images), 78上左(B.Stein/WILDLIFE), 78下(J. Fieber/blickwinkel), 78上右(J. Fieber/Arco Images), 79背景图(Gerard Lacz/Anka Agency International), 81中左(P. Oxford/WILDLIFE), 81下左(Holger Hollemann/dpa), 82下左(S. Muller/WILDLIFE), 84下(Hubert Kranemann/Okapia), 84中(Sunbird Images/Arco Images), 85背景图(S. Muller/WILDLIFE), 85中右(Hinrich Bäsemann), 86中右(M. Woike/blickwinkel), 86上中(Alexander Stein/JOKER), 86左(Hans Reinhard/Okapia), 87上右(F. Teigler/WILDLIFE), 89上(McPHOTO/blickwinkel), 90下(Franco Banfi/Photoshot/Ocean Images), 90上右(Rob Griffith/AP Photo), 90中右(Jean-Paul Ferrero/Ardea/Mary Evans Picture Library), 90右(blickwinkel/McPHOTO), 91中左(Giacomo Radi/Ardea/Mary Evans Picture Library), 92中(J. Giustina/WILDLIFE), 92右(C. Hütter/Arco Images), 94上右(Dieter Möbus/chromorange), 96中右(F. Hecker/blickwinkel), 97上中(Ed Robinson/Design Pics/Pacific Stock), 97中右(M. Watson/Ardea/Mary Evans Picture Library), 98下右(N. Wu/WILDLIFE),98背景图(Gerard Lacz/AAI), 99上中(Ronald Wittek), 99下右(J. Mallwitz/WILDLIFE), 99上右(R. Usher/WILDLIFE), 99下左(P. Frischknecht/blickwinkel), 100上右(B. Fischer/Arco Images), 100上左(S. Muller/WILDLIFE), 100中(S. Muller/WILDLIFE), 101中(Christian Decout/Okapia), 101右(K. Hinze/Arco Images), 101上右(W. Rolfes/Arco Images), 101下(S. Gerth/blickwinkel), 102上(R. Wittek/Arco Images), 104中左(P. Oxford/WILDLIFE), 105中右(D. Perrine/WILDLIFE), 105下(J. Freund/WILDLIFE), 105上右(S. Müller/WILDLIFE), 107下右(Masahiro Iijima/Ardea/Mary Evans Picture Library), 107上(Jagdeep Rajput/Ardea/Mary Evans Picture Library), 108背景图(Eleanor Scriven/Robert Harding World Imagery), 108上左(Bill Coster/Ardea/Mary EvansPicture Library), 109中左(NWU/WILDLIFE), 109下中(W. Poelzer/WILDLIFE), 110中右(Fritz Rust), 110上(Horst Ossinger/dpa-Fotoreport), 112下右(Ingo Arndt/Okapia), 113上右(M. Varesvuo/WILDLIFE), 113下中(M. Varesvuo/WILDLIFE), 113下右(M. Varesvuo/WILDLIFE), 114中右(Tom Brakefield/Okapia), 115中右(Zoo Leipzig), 117中右(W. Poelzer/WILDLIFE), 117下中(IMAGE QUEST 3-D/Evolve/Photoshot), 118上右(David Ebener), 118背景图(G. Lacz/WILDLIFE), 119下(Wolfgang Poelzer/WaterFrame), 120下左(McPHOTOs/blickwinkel), 120下右(E. Hummel/blickwinkel), 121上右(Frank Teigler/Hippocampus-Bildarchiv), 121背景图(Frank Teigler/Hippocampus-Bildarchiv), 121中右(Bruce Coleman/Photoshot), 121下中(Bruce Coleman/Photoshot), 122下(Gerard Lacz/Anka Agency International), 122上左(Thomas Marent/Ardea/Mary Evans Picture Library), 122上右(S. Muller/WILDLIFE), 122中右(MARK BOWLER/Evolve/Photoshot), 123下(G. Lacz/WILDLIFE), 123上右(M. Harvey/WILDLIFE), 123上左(M. Willemeit/Arco Images), 124中(Kenneth W. Fink/Ardea/Mary Evans Picture Library), 124上中(Dr. Eckart Pott/Okapia), 126下右(Gerard Lacz/Anka Agency International), 126上右(Jan Woitas/dpa-Zentralbild), 126左(Mark Newman/Okapia), 127下左(M. Watson/Ardea/Mary Evans Picture Library), 127背景图(P. Wegner/Arco Images), 128下左(Rauchensteiner/augenklick), 128中右(J. Giustina/WILDLIFE), 128上(TUNS/Arco Images), 128下右(C. Huetter/Arco Images), 129下右(MAXPPP/dpa), 129背景图(STEPHEN DALTON/Evolve/Photoshot), 131背景图(C. Lundqvis/blickwinkel), 132下中(D. Parer & E. Parer-Cook/Ardea/Mary Evans Picture Library), 132中右(Jean-Paul Ferrero/Ardea/Mary Evans Picture Library), 132上左(NHPA/photoshot/Dave Watts), 133中右(P. Cairns/blickwinkel), 133中中(R. Kaufung/blickwinkel), 135下(H. J. Igelmund/blickwinkel), 135上右(M. Watson/Ardea/Mary Evans Picture Library), 136下(A.Visage/WILDLIFE), 137中右(K. Wagner/blickwinkel), 137中中(D. Harms/Wildlife), 138下右(F. Fox/blickwinkel), 138中右(F. Hecker/blickwinkel), 138上左(F. Hecker/blickwinkel), 138下左(Eibner-Pressefoto), 139中左(Gerard Lacz/Anka Agency International), 140下右(Mark Johnson/Westend61), 140中中(J. Fieber/blickwinkel), 140左(David Chapman/Ardea/Mary Evans Picture Library), 141下(Hinrich Bäsemann), 141下左(Hinrich Bäsemann), 142中中(SCOTT CANON/Kansas City Star/landov), 143上右(S. Eszterhas/WILDLIFE), 144下左(Banfi Franco-AGF/Bildagentur-online), 144上右(W. Fiedler/WILDLIFE), 144上中(Masa Ushioda/WaterFrame), 145背景图(Valerie Taylor/ardea/Mary Evans Picture Library), 145上右(G. Bell/WILDLIFE), 146下右(S. Muller/WILDLIFE), 146上右(S. Muller/WILDLIFE), 146下中(Monika & Hans D. Dossenbach/Okapia), 147中(Paul Zinken), 147下右(Ludek Perina), 147上左(H. Baesemann/blickwinkel), 148下左(J. Freund/WILDLIFE), 149中左(Paul Germain/Ardea/Mary Evans Picture Library), 149上右(Paul Germain/Ardea/Mary Evans Picture Library), 149中(Ken Catania/Nature/Vanderbilt-Universität Nashville), 150上右(H. Schmidbauer/blickwinkel), 151下右(Ralf Hirschberger/dpa-Zentralbild), 151中(Sunbird Images/Arco Images), 151上右(Sunbird Images/Arco Images), 151上中(Stephan Mentzner/chromorange), 151上左(Stephan Mentzner/chromorange), 153中右(R. Wittek/Arco Images), 154上(Christine Koenig), 154下右(H. Boeckler/blickwinkel), 154中中(Hecker/Sauer/blickwinkel), 154下中(J. Fieber/blickwinkel), 154中右(J. Fieber/blickwinkel), 154上左(J. Meul-Van Cauteren/blickwinkel), 155下左(Dave Fleetham/Design Pics/Pacific Stock), 157上左(Tim Graham/Robert Harding World Imagery), 157背景图(Jean Michel Labat/Ardea/Mary Evans Picture Library), 157上右(Gerard Lacz/Anka Agency International), 158下中(NWU/WILDLIFE), 159下右(Alexandr Kryazhev/RIA Novosti/dpa), 160中中(Robert HardingWorld Imagery), 161背景图(M. Hicken/blickwinkel), 161下右(Gerard Lacz/Anka Agency International), 161上右(M. Hamblin/WILDLIFE), 162中左(R. Kaufung/blickwinkel), 162下右(Herwig Czizek/chromorange), 162上(H. Jegen/Arco Images), 162下左(M. Delpho/Arco Images), 163上左(M. Harvey/WILDLIFE), 163上右(K. Hinze/Arco Images), 166背景图(W. Layer/blickwinkel), 167上(Stephen Dalton/Evolve/Photoshot), 168中左(UncreditedAP Photo), 168下左(Sven Simon), 169上左(C. Hütter/Arco Images), 169下(Frank Teigler/Hippocampus Bildarchiv), 170上左(Christian Naumann), 170上右(McPHOTO/blickwinkel), 170下中(H. Vollmer/WILDLIFE), 170背景图(Oliver Giel/Okapia), 173下(P. Schuetz/blickwinkel), 175下右(Hartmut Loebermann/Westend61), 175中右(Gerard Lacz/AAI), 176下(Herbert Meyrl/Westend61), 176上右(E. Teister/blickwinkel), 177上(Becker & Bredel), 177中左(D. Harms/WILDLIFE), 177中右(Alfred Schauhuber/Helga Lade Fotoagentur), 180下中(John Cancalosi/Ardea/Mary Evans Picture Library), 182上右(H. Jungius/WILDLIFE), 184背景图(Borut Furlan/WaterFrame), 186中右(P. Hartmann/WILDLIFE), 187下左(JC Carton/Bruce Coleman/Photosho), 187上(R. Wittek/Arco Images), 190下左(Jan Woitas/dpa-Zentralbild); Shutterstock: 1(worldswildlifewonders), 188中左(Volt Collection), 188中右(Pakhnyushchy), 188下右(Stephane Bidouze), 189中左(Andrzej Kubik), 189上右(robert cicchetti), 189下右(Denis Burdin), 4上右(Eugalo), 4上中(Panu Ruangjan), 4中(Petrov Anton), 4-5背景图(Roberaten), 5下中(aquapix), 5上右(Kuznetsov Alexey), 5上中(Nagel Photography), 5下中(Kondor83), 6中左(Andre Coetzer), 6上中(reptiles4all), 7上右(Villiers Steyn), 7下(Johan W. Elzenga), 7上左(CHAIWATPHOTOS), 8下(Aleksey Stemmer), 8上右(reptiles4all), 10下中(Andrey Pavlov), 10下左(esdeem), 10上(Dennis Jacobsen), 11背景图(Colette3), 11中中(chamleunejai), 11上右(Vadim Petrakov), 11中左(PeterVrabel), 12上(Vladimir Sazonov), 12中右(nednapa), 12中左(Mathisa), 14中左(Maslov Dmitry), 15上(Dmytro Pylypenko), 15中右(Eduard Kim), 15下左(Eduard Kim), 16上右(Ewais), 17中左(Jacqui Martin), 17下右(M. Unal Ozmen), 17下左(jeep2499), 18背景图(Eric Isselee), 18上右(MyImages - Micha), 20下右(Chris Howey), 20左(BlueOrange Studio), 20上中(Tomas Sykora), 21中左(Plume Photography), 23背景图(suradech sribuanoy), 23上右(kingfisher), 23中中(LorraineHudgins),25上左(Dennis W. Donohue), 25上右(Gleb Tarro), 25背景图(David Rasmus),26下左(a9photo), 26上(Nagel Photography), 26中左(Steve Byland), 27下(Andrej Sevkovskij), 28上中(Ruth Lawton), 29上左(Edwin Butter), 30下中(Bildagentur Zöonar GmbH), 31中(kzww), 32中右(Arie v.d. Wolde),32背景图(YUSRAN ABDUL RAHMAN), 32上右(Rich Carey), 32上中(Hans Gert Broeder), 32中(bernd.neeser), 33背景图(kajornyot), 33下左(kajornyot), 33中左(kajornyot), 35下右(Steve Byland), 36背景图(LauraD), 37下右(Joshua Haviv), 37中左(Sergey Uryadnikov), 37中右(Sergey Uryadnikov), 37上(outdoorsman), 37中右(taviphoto), 39下左(Eduard Kyslynskyy), 39上(Noradoa), 39下右(Valentyna Chukhlyebova),40中右(dean bertoncelj), 40下右(tratong), 40上中(Naraka), 45中左(Teguh Tirtaputra), 45下右(Passenier), 45上(image focus), 45下左(randi_ang), 48中(freya-photographer), 48上中(javarman), 48左(RuthChoi), 48中右(topseller), 48下中(GUDKOV ANDREY), 50背景图(Johan Swanepoel), 50中右(Paul S. Wolf), 50上右(alfotokunst), 51下右(3Dsculptor), 52中右(Eric Isselee), 53下右(Stuart G Porter), 54中(Judy Whitton), 54下(reptiles4all), 55中中(Carlos Caetano), 55左(Michaela Stejskalova), 55背景图(Nataliya Hora), 55下中(ShenTao), 56上左(Dr. Morley Read), 56中右(Dr. Morley Read), 57中右(Valentina Razumova), 57下(Tony Campbell), 57下右(Nattika), 57下中(Dionisvera), 57中左(BMJ), 58背景图(Gerrit de Vries), 59下右(GUDKOV ANDREY), 59上中(Tanya Puntti), 60下中(topimages), 60左(yzoa), 60中中(Ratikova), 60上右(Cathy Keifer), 60中(nico99), 60下右(Cathy Keifer), 60上左(Patricia Chumillas), 61下左(Stasis Photo), 62背景图(TravelImages), 63下右(plavevski), 63左(SJ Travel Photo and Video), 63中(Alexandra Giese), 64中左(Geniale_Tiere), 64下(Dray van Beeck),65背景图(Brandelet), 65上左(frantisekhojdysz), 65下左(howamo), 65中左(frantisekhojdysz), 67背景图(feathercollector), 68中左(Dancestrokes),68下(StudioSmart), 68中中(Nitr), 68中中(Tyler Olson), 68中右(Lodimup), 69背景图(Erwin Niemand), 70上左(Tony Wear), 72中右(apple2499), 73上中(Volt Collection), 74下左(Roberto Caucino), 74中右(Andrea Izzotti), 74上右(Anekoho), 76中左(rodho), 76中右(Nicram Sabod), 76中左(ChameleonsEye), 76下中(Palokha Tetiana), 77下(Tom Reichner), 78中左(D. Kucharski/K. Kucharska), 79上右(Traci Law), 80上右(Ryan M. Bolton), 80左(haveseen), 80中(Vitaly Titov& Maria Sidelnikova), 81上(Birdiegal), 82中左(Richard Susanto), 85中右(Teguh Tirtaputra), 85上右(Matt Cornish), 88中(Bonnie Fink), 89下左(James Steidl), 89中左(Morphart Creation), 91下中(Txanbelin), 92下左(Nagel Photography), 92下左(Nagel Photography), 93下左(Mogens Trolle), 93下右(Mogens Trolle), 93上(e2dan), 93中左(Maggy Meyer), 94中右(chris froome), 95中右(davemhuntphotography),95下左(Edwin Butter), 95下右(Edwin Butter), 96上右(cagi), 96下(juefraphoto),97下左(Paul van den Berg), 97下右(Gail Johnson), 100下中(Ryan M. Bolton),100上左(Kayser_999), 102右(rodho), 102下右(Stacy Barnett), 102中右(Elliotte Rusty Harold), 103中(worldswildlifewonders), 104下右(elitravo), 105上中(Valentina Razumova), 106上右(reptiles4all), 107中右(ilovezion), 108上右(Peter Raymond Llewellyn), 109上右(John A. Anderson), 109背景图(aquapix), 110下左(bierchen), 110上右(Nataly Lukhanina), 112中右(Dirk Ercken), 114上左(Ammit Jack), 114下(Hayati Kayhan), 115下左(rodho), 115中右(rodho), 116中左(Nicram Sabod), 116中右(BMJ), 116中(visceralimage), 121下左(NagyDodo), 124下(Ariel Bravy), 126上左(rodho), 127上右(Suchatbky), 127中(old apple), 130中(StockPhotoAstur), 130下右(Alba Casals Mitja),130上(Philip Ellard), 131中左(Mrs_ya), 133上右(Stephen Lavery), 133下(UrbanRadim), 134下左(Abeselom Zerit), 134上左(Abeselom Zerit), 136上右(Nature Capture Realfoto), 136中(think4photop), 137下(Olha Insight), 137上中(Christian Musat), 139背景图(Menno Schaefer),140上左(BGSmith), 140中(Ratikova), 142上(Dmytro Pylypenko), 142下左(Petra Christen), 142下中(Dmytro Pylypenko), 143中右(Ryan M. Bolton), 143下(Kirsten Wahlquist), 144背景图(NA image), 145中左(Milosz_M), 148下中(LauraD), 152上右(Dominique de La Croix), 152左(Sergei25), 155背景图(kaschibo), 160下右(Anton_Ivanov), 160上(aleksandr hunta), 160下中(SJ Allen), 165下右(Jay Ondreicka), 165下中(IrenaDebevc), 169上右(Pe3k), 171中左(Volt Collection), 171下中(Alta Oosthuizen), 171右(Pal Teravagimov), 171上右(Bildagentur Zoonar GmbH), 172上(David Spates), 172中左(Geoffrey Kuchera), 172下中(Gerald A. DeBoer), 173上右(mr.surapong photong), 173中右(MarkMirror), 174下左(ownza), 174中(Pushish Images), 174下右(Dave Montreuil), 174中右(Sylvie Lebchek), 175背景图(tahirsphotography), 179上(FloridaStock), 179中右(Igor Kovalenko), 180中右(Steve Lovegrove),182背景图(Daniel Prudek), 183上(Pal Teravagimov), 183中右(GTS Productions), 183中左(Alta Oosthuizen), 183下左(BlueOrange Studio), 184上右(Kim Briers), 184中右(magnusdeepbelow), 185下(Hein Nouwens), 185中右(guentermanaus), 186背景图(Pholcus), 186上右(Gucio_55), 187下右(BMJ), 187中左(Eric Isselee), 191上右(kajornyot); Thinkstock: 5中右(muuraa), 5下右(Zoonar RF), 9中左(kbfmedia), 9背景图(gydyt0jas), 9上右(MisoKnitl), 10下右(Karel Gallas), 14背景图(Armin Hinterwirth), 14上右(MikeLane45), 17中左(yongkiet), 17中右(Theoracle007), 20下中(FotoNeves), 21下中(Jupiterimages), 22中左(MR1805), 22下(burnsboxco), 29上右(Manakin), 31上左(Nasaza),31背景图(Dieter Moeckli), 34下(JanelleLugge), 34上左(Fritz Hiersche), 38左(Denja1), 38中中(Bousfield), 38下中(dreamnikon), 38上右(shih-wei), 40背景图(duha127), 41背景图(ZambeziShark), 41下左(VivPastars), 42下右(Dorling Kindersley), 42下左(uba-foto), 42上右(Leppert), 43背景图(NaluPhoto), 49背景图(lilithlita), 50右(Raats), 51中右(Jonathan Amato), 51中左(shearman), 51上(Phattara Termbunphati),51下左(Fuse), 53下左(Anup Shah), 53中左(Anup Shah), 53上(MaggyMeyer), 55中左(anharris), 59上右(Jupiterimages), 63中右(DrPAS), 64上右(Tom Brakefield), 64中右(StevenBenjamin), 67下左(Ammit), 70上右(MikeLane45), 70下左(Michael Fitzsimmons), 72下左(Fuse), 72上(Ewan Chesser), 72下右(Krzysztof Wiktor), 76下左(Daren Grover), 77上右(johnaudrey), 77中右(muuraa), 79上左(treetstreet), 82背景图(USO), 87中(satori13), 91左(Cathy Keifer), 91上右(DebraMillet), 94下右(Milous), 94下(TanawatPontchour), 95上左(Joshelerry), 99背景图(IPGGutenbergUKLtd), 103上左(Fuse), 103下左(Enjoylife2), 103右(rosieyoung27), 104上(andy2673), 106下(Jurie Maree), 106中左(Jurie Maree), 107下左(Musat), 114上右(ConstantinosZ), 115下左(kittiwut ittikunlasate), 116下(karinegenest),119上(WhitcombeRD), 119中右(haveseen), 120上(nicholashan), 124上右(MarcelC), 134中右(Steffen Foerster), 134下右(Purestock), 139中右(Evgeniya Lazareva), 146背景图(tracielouise), 147中左(EVistock), 148右(MikaelEriksson), 153下左(Holly Kuchera), 156上右(Dorling Kindersley), 159上左(decisiveimages), 163下右(Paul Brennan),165上右(MarkMirror), 173上右(Khlongwangchao), 173上中(mixandi), 174上(lirtlon), 180背景图(marco3t), 181中右(ivkuzmin), 181下中(PaulVinten), 182上左(kaetana_istock), 185上(Clay_Harrison), 185中左(sjhaytov); Wikipedia: 13下左(CC BY-SA 3.0/Sarefo), 15下中(CC BY-SA 3.0/Antoshin Konstantin), 18中左(CC BY-SA 3.0/Christian R. Lindner),18中左(CC0/Alex Wild), 22中左(PD/NOAA Fisheries), 26下右(CC BY 2.0/Kerry Wixted), 35中左(CC BY-SA 2.5/Fritz Geller-Grimm), 35下中(CC BY-SA 2.5/Fritz Geller-Grimm), 43下左(GFDL 1.2/Benjamint444), 47中(CC BY-SA 2.0/Dr. Mirko Junge), 49上中(CC-BY-SA 4.0/Hans Hillewaert),52下(CC BY 2.0/Brimac The 2nd), 66下(CC BY-SA 3.0/Hedwig Storch), 71背景图(CC BY-SA 3.0/Alexander Vasenin), 71下左(CC BY-SA 3.0/Magnus Kjaergaard), 81中右(CC BY-SA 3.0/Galinf), 84上左(CC BY-SA 2.5/André Karwath aka Aka), 84上右(PD/Dr. Hagen Graebner), 86下中(PD/Grüner Flip), 86中中(PD/Grüner Flip), 89中右(CC BY 2.5/Melburnian), 96中左(CC BY-SA 3.0/Didier Descouens), 98下左(CC BY-SA 3.0/G. David Johnson), 111下右(CC BY-SA 2.0/Jürgen Otto), 111下左(CC BY 2.0/Bron), 120中左(CC-BY-SA 4.0/Leon petrosyan), 135中右(CC BY-SA 3.0/Olaf Oliviero Riemer), 140下中(CC BY-SA 3.0/Harald Süpfle), 150中(CC BY-SA 2.0 de/Marcel Burkhard/Cele4), 152下中(CC BY-SA 2.0 de/Masteraah), 186中左(CC BY 2.0/Graham Wise)

封面图片: Nature Picture Library: U1上右(Kim Taylor); Getty: U1下(Picture by Tambako the Jaguar); picture alliance: U1下右(Minden Pictures/Stephen Dalton); Shutterstock: U1中左(Hung Chung Chih), U1背景图(AustralianCamera), U1中右(RuthChoi), U1上左(anekoho), U1背景图(Kao-len), U4下(Andrew Burgess)

图书在版编目（CIP）数据

德国少年儿童动物大百科 /（德）安德里亚·韦勒-埃塞斯著 ; 彭薇译. — 武汉 : 长江少年儿童出版社, 2024.4
ISBN 978-7-5721-4796-8

Ⅰ. ①德… Ⅱ. ①安… ②彭… Ⅲ. ①动物—少儿读物 Ⅳ. ①Q95-49

中国国家版本馆CIP数据核字(2024)第034667号
著作权合同登记号：图字17-2023-174

审图号：GS（2024）0563

DEGUO SHAONIAN ERTONG DONGWU DABAIKE
德国少年儿童动物大百科

[德] 安德里亚·韦勒-埃塞斯 / 著　彭　薇 / 译
责任编辑 / 汪　沁　邱雨婷
装帧设计 / 管　裴　美术编辑 / 鲁　静　潘　虹
出版发行 / 长江少年儿童出版社
经　销 / 全国新华书店
印　刷 / 鹤山雅图仕印刷有限公司
开　本 / 889mm×1194mm　1/16 开
印　张 / 12.5
字　数 / 370 千字
印　次 / 2024 年 4 月第 1 版，2024 年 8 月第 2 次印刷
书　号 / ISBN 978-7-5721-4796-8
定　价 / 158.00 元

策　划 / 海豚传媒股份有限公司
网　址 / www.dolphinmedia.cn　邮　箱 / dolphinmedia@vip.163.com
阅读咨询热线 / 027-87677285　销售热线 / 027-87396603
海豚传媒常年法律顾问 / 上海市锦天城（武汉）律师事务所
张超　林思贵　18607186981

WAS IST WAS
德国少年儿童百科知识全书
船的故事
从独木舟到远洋邮轮
飞机的秘密
人类飞行的梦想
火山探秘
来自地底的火焰
七大奇迹
上古时期的宝藏
汽车世界
精彩的汽车发展史
鲨鱼家族
海洋里的凶猛猎手
未来能源
让世界动起来
百变天气
阳光、风和暴雨
穿越大自然
探究与保护
鲸和海豚
海洋里的哺乳动物
恐龙王国
永远消失的地球霸主
矿物与岩石
闪闪发亮的宝藏
爬行与两栖动物
壁虎、林蛙和巨蜥
奇妙的人体
大自然的奇迹
大自然的力量
难以估量的威力
改变世界的电
高电压与超导体
各种各样的鱼
水下的奇妙世界
猫的家族
拥有柔软脚爪的敏捷猎手
奇境森林
动物和植物的天堂
忠诚的狗
四只爪子的英雄
宇宙中的星体
打开探索宇宙的大门
浩瀚宇宙
宇宙的秘密
狼的故事
走进荒野猎食者的领地
蚂蚁和白蚁
了不起的建筑师
美丽的蝴蝶
色彩绚烂的自然精灵
蜜蜂和胡蜂
潜水的魅力
潜入水下的迷人世界
显微镜探秘
肉眼看不见的微小世界
古老的希腊文明
诸神、英雄和诗人
古罗马生活
古罗马城的社会百态
欧洲风情
人口、国家和文化
骑士时代
城堡、比武大会和贵族女性
舞动的音符
走进音乐的奇妙世界
古老的城堡
中世纪的见证
神秘的古埃及
尼罗河畔的金色帝国
熊的秘密生活
棕熊、大熊猫、北极熊
化石档案
生命的痕迹
奇妙的昆虫
六条腿的生存艺术家
极地世界
生活在冰雪王国
神秘的蜘蛛
丝线上的猎手
大象王国
温和的“巨人”
蛇的故事
拥有敏锐感官的猎手
海底宝藏
沉没的宝藏
海洋之谜
海洋研究与保护
火星登陆
红色星球定居计划
忙碌的农场
动物、植物与农业机械
时尚魅影
时尚的古与今
全球气候
冰期和气候变化
生物质资源
植物动力引领未来